もっと自分を好きになる

花まる
インスタ
ライフ

後藤有紀
（はなまっぷ代表）

写真の
撮り方から
インスタの
使い方まで

JN062102

インスタグラムを楽しんで、
もっと自分を好きになり、
花まるな人生を送りませんか？

「自分を好きになりたい」
「やりたいことを見つけたい」
「前向きな気持ちで行動したい」
全部インスタグラムで実現できます!

インスタを
**始めて
みたい！**

使い方が
**難しくて
覚えられない**

はじめての方でも飽きずに続けていただけるように、インスタを楽しむための基本操作に絞って解説しています。

投稿してみたいけど
**何を
投稿すれば
いいの？**

何を投稿すれば良いかも含めてお伝えしています。自分らしさを見つけるためのツールとして楽しんでみませんか？

興味のある
**投稿を
見ているだけ**

会社の
インスタ担当に
なった！

インスタで
お店の**集客**を
したい！

広報や集客のためにも、まずは自身がインスタを楽しむことから始めましょう！　自ずとファンも増えてきますよ。

インスタに
ちょっと
疲れ気味

自分の
写真に
自信が
持てない

他の人と
ついつい
比べてしまう

自分の心より見栄えを優先していませんか？　撮影方法だけでなく被写体を心で感じるための向き合い方もお伝えします。

インスタは使い方次第で、自分に自信をつけることができるツールです。そのコツを私の経験も合めて書いています。

撮りたいものを
魅力的に
撮れない

5

はじめに

本書は、自分らしさとは何かを発見し、

もっと自分を好きになってもらうための説明書です。

その答えをインスタグラムを活用しながら見つけていきます。

・インスタグラムを上手に活用できていますか?

・他の人の投稿を見ているだけではありませんか?

・楽しんでいるつもりでも、本当は疲れていませんか?

インスタグラムは本来、自分の好きなものを投稿して楽しむもの、つまり、あなたらしさを発掘して、輝かせてくれるためのものです。

素晴らしいツールなのに、興味はあるけど操作方法が分からずに始められない方や、何を投稿すれば良いのかわからずに見ているだけの方、人と比べてしまって疲れてしまっている方が多いように感じます。

私は今から約10年前にインスタグラムを始めました。それをきっかけに、自分が本当に好きなことに気付き、自分らしさを発揮して過ごせるようになりました。何の目標もなかった人間が、この10年の間に本を6冊も出版し、TVやラジオにも出演させていただくという

夢のような経験まですることができたのです。

　・自分を好きにならなきゃ

　・やりたいことを見つけなきゃ

　・前向きな気持ちで行動しなきゃ

　そう自分に言い聞かせて疲れたりもしていませんか？　頭ではわかっていても、やりたいことなんて簡単に見つかるものでもないし、自分を好きになるという感覚は、わからないと思います。前向きな気持ちなんて、言い聞かせてみたところで心から前向きにはなれません。

　けれども私はインスタグラムを楽しむことで、自分に言い聞かせることもなく、自然と自分を好きになり、やりたいことが見つかり、前向きな気持ちで行動できるようになりました。

　私がインスタグラムを楽しむことによって実感したことは、

「誰もが必ず、自分が輝くための自分らしさを持っている」

ということです。持っている人と持っていない人がいるのではなく、気付けた人か、まだ気付いていない人か、の違いだということです。

　本書が、あなたらしさに気付くきっかけになれば幸いです。

　　　　　　　　　　　後藤有紀（はなまっぷ代表）

もっと自分を好きになる

花まるインスタライフ
～写真の撮り方からインスタの使い方まで～

CONTENTS

第一章 インスタの基本操作を学びながら 自分を好きになろう 11

第二章 撮影を通して感性を磨こう 57

第三章 自分らしさに気付き 自己実現を達成しよう

本書の使い方

　本書は大きく分けて2種類のページで構成されています。

　ひとつは、インスタグラムやカメラの撮影での実体験をもとに、より良い日々を送るための考え方などが書かれた「花まるライフの秘訣！」。もうひとつは、「花まるライフの秘訣！」をインスタグラムやカメラ撮影において実践するために必要な操作法、ポイントなどが記された「実践編」です。

　まずは、「花まるライフの秘訣！」で物の見方や考え方の幅を広げつつ、続く「実践編」に記された技法を習得・実践することで、より楽しく学んでいただけます。

　ピンポイントで知りたい操作法・技術がある場合は、不要なページは読み飛ばし、該当するページのみを読んで頂いても、全く差し支えはありません。その場合は、巻末のQ＆Aや索引もご活用ください。

花まるライフの秘訣！

何故その機能を使うのか、被写体をどのような気持ちで撮影するとよいか、それらを通して筆者の考え方や行動がどのように変化したのかを、これまでの実体験を含めてお伝えしています。マニュアルを読むのが苦手な方にも、実践したい！と楽しみながら取り組んでいただけるように、日常が花まるになる秘訣を書き留めました。操作に慣れている方にも楽しんでいただけるページです。

実践編

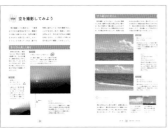

Point! ………インスタグラムに関する用語の意味や操作説明の補足、カメラでの撮影時の表現方法など、実践していただくために必要なポイントを記載しています。

ヒント！………被写体の何に魅力を感じたのか、どのような意図で撮影したのか、意図を写真の中でどのように表現したのかなど、写真撮影時の解説を記載しています。

花まるヒント…自分の好きなことや、自分が感じたことなど、花まるライフを送るために、自分らしさをプラスして実践していただくためのヒントを記載しています。

花まる活用術…各項目で学んだ操作手順や撮影手順を活かした、ワンランク上の実践方法をお伝えしています。インスタグラムや写真撮影を、さらに自分らしく楽しんでいただくための活用術です。

※本書のスクリーンショットは iPhone で行われています。Android では多少異なる部分がございます。
※本書の発売後、アプリのアップデートにより、レイアウトや仕様に変更が生じる可能性がございます。

第一章

インスタの基本操作を学びながら自分を好きになろう

目的の写真を検索する方法や、静止画や動画の投稿、ストーリーズやリールの作成など、インスタグラムの基本操作を学びます。自分の好きなものを投稿することが、自分を好きになることに繋がります。

インスタグラムで自分を好きになる

インスタグラムは自己肯定感を育むツール

　私がインスタグラムを始めたのは2014年の春。きっかけは、ある朝の情報番組で、写真を投稿するだけのアプリが流行り始めているという話題を目にしたことでした。私は花の写真を撮ることが好きだったので、そのアプリがどのようなものなのか、とても気になりました。

　SNSには興味がなかったけれど、写真を投稿するだけならやってみようかな？と、半信半疑で始めた日のことを今でも覚えています。

　そんな些細なきっかけで始めたインスタグラムでしたが、それからちょうど10年経った今、私は好きなことに囲まれて、いろんな夢や目標を持って人生を楽しめるようになりました。

　それだけではありません。自分が本当に好きなことや、得意なこと、他の人にはない自分の良さにも気付けるようになりました。そして何気ない日常にあふれている美しいものにも、自然と目を向けられるようになりました。

インスタグラムを始めた頃に撮影した、
レインボーローズ。
花言葉は「奇跡」「無限の可能性」

　これまでの自分の行動を振り返ると、好きな写真を投稿しながらインスタグラムを楽しむことで、自分を好きになれる行動が自然と身についていた

ということに気付きました。インスタグラムは私にとって、自己肯定感を育んでくれる素晴らしいツールだったのです。

好きなことは自信につながる

「SNSってなんだか疲れてしまいそう」と思われる方は多いです。疲れてしまうのは、ついつい人と比べてしまったり、「いいね！」欲しさに頑張ってしまったりするから。私もインスタグラムにハマった頃は、「いいね！」欲しさに頑張って投稿していました。けれども次第に疲れてしまってアカウントを削除してリセットしたこともありました。

「私の写真を投稿しても…」「私の写真はいまいちだから…」

　今は自信がなくても大丈夫！　自分が好きだと感じること、興味のあること、楽しい・幸せだと感じることを写真を撮ることを通して見つけられたら、普段の自分にも自信が持てるようになります。

　自分に自信が持てるようになると、人と比べながら無理をして頑張ることなく自分のペースで楽しめるようになります。

　この章ではインスタグラムの基本操作を覚えながら、好きなもの、楽しめること、幸せだと感じることを見つけていきます。

　あなたのインスタグラムは、これからどんな写真で飾られていくのでしょうか？　わくわくしてきませんか？

　それでは、インスタグラムの登録から始めましょう。

花まるライフの秘訣！

本当に好きな写真を投稿すれば、自分を好きになれる

インスタグラムを始めよう

インスタグラムでは、静止画や動画の検索や投稿を楽しみながら、
ユーザー同士での交流も楽しむことができます。
まずはあなたらしいユーザーネームとアイコンを設定してみましょう。

プロフィールを整える

App Store または Google Play スト
アから instagram をダウンロードし、
アカウントを作成した状態です。

① 右下のアイコンをタップ。
　右上の「≡」をタップ。

Ⓐユーザーネーム
世界でひとつしか登録できない ID のような
もの（他のユーザーと重複不可）
Ⓑ名前
ニックネーム（他のユーザーと重複可）

🌸 花まるヒント

ユーザーネームは世界にひとつだけ
の名称しか登録ができません。いつ
でも変更できますが早いもの勝ちで
す。名称やニックネームのあとに誕
生日や好きな単語などを追加して、
長く愛着が持てる名前を登録してお
きましょう。

② 「設定とプライバシー」をタップ。

③ 「アカウントセンター」をタップ。

④ 「プロフィール」をタップ。

パスワードや個人情報の変更も可能です。

⑤ アイコン部分をタップ。

タップ

⑥「名前」「ユーザーネーム」「プロフィール写真」を登録。

⑦へ
⑧へ
⑨へ

⑦ 名前を入力して「保存」をタップ。

①入力

②タップ

⑧ ユーザーネームを入力して「完了」をタップ。

①入力

②タップ

⑨ プロフィール写真を選択して「保存」をタップ。

タップ

⑩ プロフィールが整いました。

タップ

完成!!

「プロフィールを編集」をタップしても、同様の変更が可能です。ここではパスワード等の変更もできるアカウントセンター（p.14 ④）での変更方法を紹介しています。

インスタグラムでできること

できること ①

他ユーザーの
写真や動画の閲覧や検索、
「いいね!」や
フォロー、メッセージ等を
利用した交流。

ハッシュタグ検索から見たい写真を探すことができる

位置情報で検索すると現在地周辺のお店に関する投稿が見られる

コミュニケーションツールとしても使用することができる

できること ②

自分の写真や動画の
加工や投稿、
ライブ配信や広告出稿等を
利用した情報発信。

写真をおしゃれに加工していろんな人に見てもらえる

教室やお店などが情報発信や広告媒体、集客ツールとして活用

24時間で消えるストーリーズなら日記のように気軽に発信できる

主な画面の見方

1 画面右下のアイコンをタップ。プロフィール画面を表示。

タップ

2 画面左下のアイコンをタップ。ホーム画面を表示。

タップ

プロフィール画面の見方
（重要な部分のみ抜粋）

- Ⓐ 作成する（p.28）
- Ⓑ 設定やその他の機能
- Ⓒ 自分のハイライト（p.46）
- Ⓓ 自分の投稿（p.28）
- Ⓔ ホーム画面へ（p.17 ②）
- Ⓕ 検索（p.22）

ホーム画面の見方
（重要な部分のみ抜粋）

- Ⓐ 「いいね！」やコメントの通知
- Ⓑ メッセージ
- Ⓒ フォロー中のユーザーのストーリーズ
- Ⓓ フォロー中のユーザーの投稿
- Ⓔ プロフィール画面へ

自分の「好き！」を探す

これまでの「好き！」を振り返る

インスタグラムの投稿を始める前に、まずは検索機能を使って試して欲しいことがあります。いろんな人が発信する投稿を参考にしながら、自分が「好き！」だと感じるものを探してみてください。

あまり深く考えずに、好きだなと感じるもの、興味があるものを直感的に探しましょう。なんか好きかも？という程度で構いませんし、好きだと感じるものをひとつだけに絞る必要もありません。「好き！」を探しているうちに、子どもの頃からなんとなく好きだったこと、興味があったことなどを、ふと思い出すかもしれません。

これを機に、今好きなものだけに限らず、これまでに自分が興味があったことを一度思い出してみて欲しいのです。

私もこれまでに、様々なことに興味を持ちました。写真を撮り歩くようになったのは建築巡りがきっかけで、20年ほど前は本を片手にいろんな地方の有名建築物を、写真に収めながら見てまわることが好きでした。思えば今の自分に通じるものがあります。

花は好きというわけではありませんでしたが花柄は好きでした。子どもの頃にハウステンボス＊で買ってもらったチューリップのペンケースがお気に入りだったのを覚えています。

20代半ばからは建築巡りではなく、休日になると特に理由もなく、ふと花の名所を訪れるようになりました。

＊長崎県佐世保市にあるテーマパーク。ヨーロッパの街並みを再現している。

バラ園を巡るのがなんとなく好きだった時期もありました

　その他にもシルバーアクセサリー作り、インテリアファブリック作り、ベリーダンス、いろんな趣味に熱中した時期もありました。振り返ってみると花は私にとって、熱中するほどすごく好きだったわけではなく、長い間何となく好きなものでした。

　あなたがこれまで経験してきた好きなことの中にも、これからの人生を大きく変える好きなものが隠れているかもしれません。

インスタグラムなら直感的に探すことができる

　例えばインターネットで近所のショッピングモールを検索してみると、そこのホームページが表示され、店舗の情報や各種イベント情報を確認することができます。営業時間やイベントなど正確な情報を得たい場合はホームページを閲覧するのが便利です。それに対して、インスタグラムで検索してみると、そのショッピングモールに関連する投稿を画像で探すことができます。服を買いに行こうと検索すると、そこで食べられる美味しそうなランチの情報まで自然と目に留まります。関連する画像が出てくるため、忘れかけていた好きに気付くことがあります。

ジャンル別に保存ができるから便利

　インスタグラム検索で便利なことがもうひとつあります。気に入った投稿を自分の好きなジャンルごとに分けて保存しておけることです。

　グルメ・ファッション・旅行・インテリアなどのジャンル別に保存しておけば、気に入った投稿を必要な時に探して見返すことができます。インターネットを使って行きたいランチのお店や買いたい商品などを検索するのではなく、インスタグラムの中で食べたいものや買いたいものを探す人々が増えているそうです。

　インスタグラムを活用している店舗も増えています。日替わりランチのメニューを発信してくれているお店も多く、今日のランチは何かな？と、私もよくチェックしています。

　フォローすればドリンクをサービスしてくれたり、お得な情報を発信しているお店もあります。訪れる際には確認してみるのも良いですね。

気になるお店は
マメにチェック！
お得な情報が
手に入るかも

「好き!」を仕分けしてみよう

　人によっていろんな「好き!」があるはずです。インスタグラムの検索機能を使って好きな投稿をどんどん保存していきましょう。

　その中から、あなたの新しい趣味が見つかるかもしれません。

　ここで私の方からお題を出します。

・好きなモノ（→惹かれた投稿）

・好きな写真（→撮影時の見本にしたい投稿）

・好きな情報（→行きたい、買いたい、実践したいと思う投稿）

・好きな時間（→こんな時間を過ごしたいと感じる投稿）

　インスタグラムは、投稿者の名前や、投稿に添えられたハッシュタグや位置情報などから、他のユーザーの投稿を検索することができます。その中から、あなたが「好き!」と感じたものを、これらの4つの項目に仕分けながら、まずは各項目30枚ずつ保存してみましょう。

　自分が好きなものは何なのか、まだわからない方も、好きだと感じるものの傾向がなんとなく見えてくるはずです。

　検索や保存は、インスタグラムで情報を得るために必要な機能です。自分の「好き!」を探しながら、基本操作を身につけておきましょう。

花まるライフの秘訣!

インスタは
自分では気付かなかった「好き!」にも出合える

［実践編］

好きな投稿を
ジャンル別に保存しよう

検索では、ハッシュタグ・アカウント名・位置情報などから
投稿を探すことができます。気に入った投稿は保存して、
コレクションを作成すれば自分の好きなジャンルに分けて整理できます。

投稿を検索して保存する

① 「ｑ」をタップ。

タップ

② 検索したいワードを入力。

ここでは「桜」と入力して「検索」または「検索結果をすべて見る」をタップ。

③ 各項目で検索。

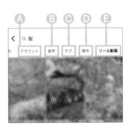

Ⓐ 「桜」という名前が含まれた
アカウント名を検索します。

Point!

アカウントとは、ユーザーネームやパスワードなどを、使用する権利を与えられた個人の認証情報のような意味。

Ⓑ 「桜」に関連する
音源を検索します。

22

Ⓒ 「桜」のワードが含まれるハッシュタグ
がつけられた投稿を探せます。

🌸 花まるヒント

「好き！」と感じる単語をハッシュ
タグで検索してみましょう！

Ⓓ 「桜」のワードが含まれる
位置情報がついた投稿を探せます。

Ⓔ 「桜」のワードに関連する
リール動画を探せます。

④ 「ロ」をタップして
気に入った投稿を保存。

タップ

⑤ リールの場合は「…」を
タップし「保存」をタップ。

①タップ

②タップ

検索方法を復習しながらまずは30
枚、「好き！」な投稿を保存してみ
ましょう！

完成!!

🌸 花まる活用術

マップ上でも「好き！」を探せる

現在地周辺や目的地周辺
など、マップ上で投稿を
探すこともできます。地
図と写真で直感的に行き
たい場所を探せるので便
利です。マップは次の方
法で表示できます。

①検索時にワードを入れず
マップのアイコンをタップ。

タップ

②場所検索で表示された画面
で矢印部を下にスワイプ。

スワイプ

保存した投稿でコレクションを作る

① 「三」をタップ。
　「保存済み」をタップ。

② 「＋」をタップ。

③ コレクションの名前を入力。
　今回は「好きなモノ」と入力。

入力したら「次へ」をタップ。

④ 追加したい画像を選択し、
　「完了」をタップ。

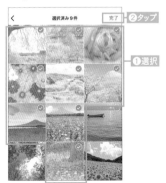

⑤ コレクションに「好きなモノ」が
　保存されました。

「＜」をタップして、ひとつ前の画面に戻ります。

⑥ 同様にコレクションを
作成します。

今回は「好きな写真」「好きな情報」「好きな時
間」を作成します。

⑦ 削除や編集などをする場合は、
作成したコレクションをタップ。

タップ

⑧ 「…」をタップして、
該当する項目をタップ。

ツップ

⑨ 保存時にコレクションの指定も
できるようになりました。

完成!!

花まる活用術

好きな場所や音楽もすぐ見られる!

投稿だけでなく、場所や音楽
もコレクションとして保存す
ることができます。通勤通学
の最寄り駅を保存しておけば
いつでもすぐに検索できます。

タップ

タップ

場所を保存。

音楽を保存。

コレクションに保
存されました。

「好き！」を楽しむ

投稿が楽しくなれば好きなものが増えていく

　自分が何に興味があるのかわかってきたら、好きだと感じるものをまずは撮影して、どんどん投稿していきましょう！

　「好きこそものの上手なれ」ということわざがあります。人は好きなことには夢中になれるので上達が早いという意味です。

　インスタグラムに写真を投稿して楽しむことで、好きなことをもっと追求するようになりました。花の写真を撮りに行くことが好きだった私は、投稿を楽しみながらより多くの花風景を訪れるようになりました。自分の好きな写真が宝箱に貯まっていくことが楽しかったからです。

　自分と同じ場所で撮影された写真を見比べると、次はこんな風に撮りたいな、こんな花も咲いていたんだなと参考になりました。

　投稿することが楽しくなってくると、あそこにも行ってみたい！あの花も見てみたい！と、行きたい場所や見たいものがどんどん増えていき、

山の上まで
見に行った
貴重なクロユリ！
どれだか
わかりますか？

26

毎週の休日が待ち遠しくなりました。

　裏を返せば、上達したいことや熱中したいことがあれば、日々の練習の様子や達成できて嬉しかったことを投稿してみるのも良いです！

文章を書くのが苦手でも楽しめる

　筆不精な方でもインスタグラムなら楽しめます、きっと！

　私もブログは３日も続かないタイプの人間ですので断言はできませんが、そんな私でもマイペースながら10年も続いています。

　インスタグラムは写真や動画さえあれば投稿することができます。何を書けば良いのかな？と迷うこともありません。スマートフォンの写真を整理するつもりで、気軽に投稿していきましょう。

　写真を誰かに見せたい時、探すのに時間がかかることありませんか？インスタグラムに投稿しておけば、見せたい写真をすぐに出せます。

　人は、好きなことをしている時は苦になりません。まずはあなたが「好き！」と感じるものを投稿する楽しさを感じてみませんか？

　普段あまり写真を撮らない方も、今熱中していることや楽しんでいることはありませんか？　読書が好きな方は本を、料理が好きな方は作った料理を、散歩が好きな方は道中で見かけた草花を撮るのも良いです。

　自分が好きだと感じるもの、好きなことを楽しんでいる時間を、記録として残していくことから始めてみましょう。

花まるライフの秘訣！

投稿は好きなことを上達させるための近道

[実践編]

「好き！」を投稿しよう

写真は正方形または縦横の長方形で投稿することができます。
ひとつの投稿に、10枚までの写真をまとめたり、
ハッシュタグや位置情報、音楽なども添えることが可能です。

投稿を始める前に

① 画面右下のアイコンをタップ。
プロフィール画面を表示。

タップ

② 「＋」をタップ。

タップ

Point!

「＋」のアイコンがどこにあるかわからなくなってしまう方が多いです。
自分のことをしたい（投稿したい、自分の投稿を見たい）時は、アイコンマークをタップすると覚えてください。

③ 様々な投稿を楽しむための
基本操作です。
まずはこの手順を覚えましょう。

タップ

Ⓐ **リールを作成する**
→ p.52
Ⓑ **投稿を作成する**
→次ページ
Ⓒ **ストーリーズを作成する**
→ p.42
Ⓓ **ストーリーズハイライトを作成する**
→ p.46

Point!

別の画面や操作方法でも作成することができますが、こちらの画面がわかりやすくおすすめです。慣れるまではこの方法で作成しましょう。

投稿の基本操作

① 「投稿」をタップ
（→p.28③の**B**）。
投稿したい写真をタップして
選択したら「次へ」をタップ。

A 投稿サイズを変更する
　　→正方形か長方形か選択。
B 複数枚投稿する
　　→10枚まで選択できます。
C カメラで撮影して投稿する

② もう一度「次へ」をタップ。

※画像加工も可能ですがここでは割愛します。

③ キャプションを入力して
「シェア」をタップ。

Point!

キャプションとは説明文の意味です。
インスタグラムでは写真に添える文章
が、キャプションです。

④ 写真にキャプションを添えて
投稿できました。

完成!!

🌸花まるヒント

「何を投稿していいかわからない、
投稿する写真がない」という方は、
p.24で「好きなモノ」に保存した
写真を見ながら、自分の周りにある
同じモノを撮ってみましょう。その
中に撮ること、投稿することが楽し
くなるモノがきっとあるはず！

① （p.29③続き）キャプション欄に ハッシュタグを追加します。

② #のあとに、 写真に関連する単語を入力。

Point!

#は半角で入力します。全角の場合は ハッシュタグとして反映されません。

好きなハッシュタグをいくつか入れてみましょ う。

③ 「場所を追加」をタップして 位置情報を追加します。

④ 場所を検索し、該当する 位置情報が表示されたらタップ。

⑤ 位置情報を追加できました。

⑥ 「音楽を追加」をタップして、音楽を追加します。

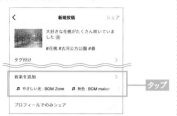

タップ

⑦ 曲名や歌手名で検索して、好きな音楽をタップ。

❶入力・検索

❷タップ

🌼 花まるヒント

好きな音楽が思い浮かばない時は、写真から連想する季節や、モノでワード検索してみると良いです。青春時代に聴いた曲なども気分があがり、おすすめです。

⑧ スワイプして再生したい部分を選択します。

スワイプ

⑨ 音楽が追加されたのを確認して「シェア」をタップ。

タップ

🌼 花まる活用術

同じモノ、同じ場所で撮られた写真を楽しめる

ハッシュタグや位置情報をつけて投稿したら、その文字の部分をタップしてみましょう。自分が投稿したものと、同じものを撮った写真や同じ場所で撮られた写真を検索することができます。

自分の投稿から位置情報やハッシュタグをタップ。

ハッシュタグで同じものを撮った写真を楽しめます。

位置情報で同じ場所で撮った写真を楽しめます。

投稿を編集・削除する

① 編集・削除したい
投稿をタップ。

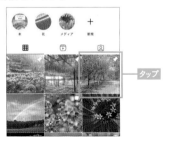

タップ

② 投稿右上の「…」をタップ。

タップ

③ 「編集」をタップ。

タップ

④ 編集が可能となります。編集が
終わったら「完了」をタップ。

②タップ

①編集

⑤ 投稿を削除したい場合は、
③の手順で「削除」をタップ。

タップ

Point!

投稿の編集で修正できるのは、キャプ
ション、位置情報、タグ付け（p.114
参照）です。画像の差し替えや加工の
修正はできません。

下書きを利用する

投稿を作成中に作業を中断したい場合、キャプションを入力した状態のものは下書きとして保存をしておくことができます。

① 「<」をタップして前の画面に戻ります。

タップ

② もう一度「<」をタップ。

タップ

③ 「下書きを保存」をタップ。

タップ

④ 新規投稿画面で「下書き」が選択できるようになりました。

🌀 花まる活用術

ベストショットを飾ろう

お気に入りの写真は、投稿の一番上に飾りましょう。マイページにはたくさんの写真が並んでいきます。日が経つと古い投稿は下に流れ、スクロールしないと見えなくなってしまいます。玄関に素敵な写真を飾る気分で、目につく場所にはお気に入りの写真を並べておきましょう。

p.32 ③の手順で「プロフィールに固定」をタップ。

タップ

投稿の一番上に固定されます（最大3枚まで）。

ときめきを増やす

ときめく時間は自分で作れる

　みなさんは、どんな時にときめきますか？　私は、素敵な景色に出会った時や、お気に入りの洋服を着た時などです。その時に感じるときめきのような感覚を、写真を加工する時にも感じます。

　インスタグラムはもともと写真の加工を楽しむためのアプリでした。当初は写真を加工をすることが新鮮で、花の写真を鮮やかに加工してみると、まるで魔法にかかったような自分の写真にときめきました。

　旅先で夕日が美しかった時、好きな洋服を着て自分が綺麗に見えた時、好きな人が嬉しい言葉をくれた時。好きなものがより素敵になった時に、ときめきを感じるのではないでしょうか？

　恋すると綺麗になるように、と言うと大袈裟かもしれませんが、僅かなときめきにも表情を明るくしたり気持ちを前向きにする効果があります。好きな写真を自分好みに加工して、ときめく時間を増やしませんか？

鮮やかに加工した
自分の写真に
ときめきを
感じた1枚

写真は自分好みに仕上げよう

桜を自分好みに加工したらときめく写真になりました

　加工したような派手な写真はあまり好きじゃない、ナチュラルな雰囲気が好きという方も、多少の加工をすることで写真をより自然な見た目に近づけることができます。カメラが進化しているとはいえ、まだまだ人の目で見る映像には及びません。

　スマートフォンでもデジタルカメラでも、カメラは撮影時に色や明るさを判断して自動で補正してくれています。オートモードで撮影した写真は、自然を自然なままに写した写真というより、カメラが自動で判断して作り出したままの状態の写真だということです。

　真っ白なものは淡いグレーに、真っ黒なものは少し明るく色褪せて写りませんか？　カメラは明るいものは暗めに、暗いものは明るく写そうとするからです（p.62でも解説しています）。

　デジタルカメラで撮影するカメラマンは、撮影時にカメラの設定を操作して自然な明るさに近づけたり、自分好みの色合いにして撮影しています。ナチュラルな雰囲気が好きな方も、インスタグラムの画像加工の機能を使って、ときめく写真に仕上げてみましょう。

花まるライフの秘訣！

画像加工を楽しめれば気分もハッピーに

[実践編]

写真を自分好みに加工しよう

もともとインスタグラムは主に写真の加工を楽しむためのアプリでした。
フィルターを使って簡単に写真の雰囲気を変更したり、
画像編集機能を使って写真の角度・明るさ・色などが調節できます。

フィルターを使って加工する

「投稿」をタップ（p.28 ③ 参照）。

① 投稿する写真を
タップして「次へ」をタップ。

②タップ

❶タップ

② 「 ✎ 」をタップ。

タップ →

③ 写真を自動で補正してくれます。

スワイプ

スワイプして補正の強さを調節できます。気に
入ったら「完了」、気に入らなければ「キャン
セル」をタップ。

Point!

③の画面上部の「Lux」は、写真の照
度の意味です。右へスワイプすると、
光に照らされたように明るくはっきり
します。左にスワイプすると、写真が
ぼんやりします。手間をかけずに写真
を綺麗に加工したい方に、おすすめの
編集機能です。

④ フィルター部分をスワイプして
自分好みのものをタップ。

写真にフィルター加工が施され、色味が変わり
ました。

⑤ もう一度フィルター部分を
タップすると強さを調節できます。

好みの雰囲気になったら「完了」をタップ。

青空をもっと鮮やかに！気分が上がるフィルターはコレ！

天気が良い日の青空は眺めているだけで
も気持ち良く、ついつい写真に収めたく
なりますよね。そのままでも十分綺麗な
青空の写真も、自分好みの色合いに

ちょっと加工するだけで、もっと気分が
上がります。空の色を、より魅力的に変
身させてくれるオススメのフィルターを
ご紹介します。

Paris
ナチュラル派にオススメ。
自然で綺麗な色に。

Clarendon
温かみのある空色が好みの
方にオススメ。

Lark
より深く澄んだ空色が好み
の方にオススメ。

自分好みに編集する

「投稿」をタップ（p.28③参照）。

タップ

① 投稿する写真を選択して「次へ」。

タップ

② 画面左下の「編集」をタップ。

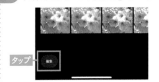

タップ

③ 「調整」をタップ。

タップ

④ スワイプして
角度や大きさを整えます。

グリッドが
表示される

スワイプ

タップ

「井」をタップするとグリットが表示され見やすいです。整えたら「完了」をタップ。

@ 花まる活用術

可愛く魅せる加工方法はコレ！

女子にオススメ！　可愛くオシャレに
編集できる機能だけを抜粋しました。
手順⑥明るさの調節が終わったらこち
らも試してみましょう。

Before

この写真を
加工すると

⑤ 「明るさ」をタップ。

タップ

⑥ 明るさを調節して「完了」をタップ。

①スワイプ

②タップ

コントラスト

写真左)左にスワイプすると、柔らかい印象に。
写真右)右にスワイプすると、メリハリがつきます。

暖かさ

写真左)左にスワイプすると、透明感が出ます。
写真右)右にスワイプすると、あたたかみが増します。

彩度

写真左)左にスワイプすると、淡い色合いに。
写真右)右にスワイプすると、鮮やかな色合いに。

After

色

選択した色味が画面全体にかかります。

フェード

右にスワイプすると、色褪せてレトロな雰囲気に。

ハイライト

左にスワイプすると、白飛び部分の明るさが緩和。

シャドウ

右にスワイプすると、濃淡が和らぎメルヘンチックに。

ビネット

右にスワイプすると、周辺が黒くトイカメラ風に。

ティルトシフト

円形を選択した周辺や四隅をふんわりぼかせます。

伝えたい！をあなたの物語に

誰かの役に立てる喜び

「紅葉がちょうど見頃ですごく良かったよー！」

「あのお店のランチ、美味しくてお値打ちだったよ！」

「話題のあのスポット、すごく人気で人が多かったよ！」

　誰かに会ったら伝えたくなる話題、ありませんか？

　特に女性は、人と会って会話をすることで満たされる方も多いですよね。訪れて素敵だった場所、使ってみて良かったもの、今が旬のお得情報など、話し始めたら止まりません。

　あなたにとっての感動した瞬間や必要な情報は、他の誰かのためにもきっと役立つ情報です。

　私の場合は、訪れて感動した花畑や、ちょうど見頃な穴場スポットなどに出合った時に自分のストーリーズで発信します。その時は「良い情報だから伝えたい」という気持ちよりも「この感動を誰かに伝えたい」という気持ちの方が大きいかもしれません。

　自分の投稿を見て「行ってきました！」という声をいただけるのは、い

黄金色に染まる景色に感動🥺

📍祖父江町黄葉祭り

秋色に染まる景色を見た時の感動を伝えたいと撮影した1枚

つになっても嬉しいもの。自分が「好き！」を楽しみながら発信した情報が、おのずと誰かの役に立っているのです。

誰かの役に立てた時に、人は喜びを感じるといいます。人の役に立つとは、誰かの手助けをするために行動を起こすことだけに限りません。

自分が好きなことを楽しみながら、その感動をだれかに共有することで誰かの役に立てることがたくさんあるはずです。

ストーリーズに残せばいつかあなたの物語に

ちょっとした情報や、その日その場ですぐに誰かに伝えたい旬な情報は、ストーリーズで発信してみましょう。24時間経つと自動的に消えるので、付箋を貼るような感覚で気軽に楽しめます。文字やスタンプを添えるだけで、遊び心が出せるのも良いところ。

24時間経って消えてしまったストーリーズは、ハイライト機能を使ってジャンル別に分けられます。好きなアイコンを表示して並べることができるので、自分のプロフィール欄にも個性が出ます。

過去に投稿したストーリーズを見返すと、その時の楽しさや嬉しさが物語のように蘇ってきます。残したい！と感じた瞬間を撮る写真とは異なり、ストーリーズには何気ない瞬間も残っているからです。動画で残せば臨場感や周りの音まで思い出されます。

誰かに伝えたいと感じたことを、たくさん残していきましょう。

花まるライフの秘訣！

あなたが残す物語が誰かの役に立つ

伝えたい情報を ストーリーズで発信しよう

ストーリーズは24時間で消えるためマイページ上には残りません。
文字やスタンプでアレンジして気軽に発信することができます。
ハイライト機能を使えばジャンル別に分類してプロフィール欄に残せます。

ストーリーズの基本操作

「ストーリーズ」をタップ
（p.28 ③参照）。

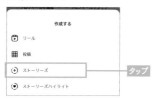

① 投稿したい写真または動画を
タップ。

Point!

ストーリーズは、自分
のアイコンの青い「➕」
をタップして作成する
こともできます。

② 文字やスタンプを添えます。

Ⓐ **音声**
動画の音声の ON/OFF を切り替えます。
Ⓑ **文字**
文字を添えます（p.43 ④参照）。
Ⓒ **スタンプ**
スタンプを添えます（p.43 ⑦参照）。
Ⓓ **音楽**
BGM をつけます。
Ⓔ **エフェクト**
キラキラなどの効果を添えます。
Ⓕ **落書き・保存**
手描きの書き込みや、保存ができます。

※この章では「文字を入れる」「スタンプを添
える」のみ解説し、他は割愛します。実際に触っ
て試してみてくださいね。

③ 「」をタップ。

④ 文字を入力。

Ⓐ **文字の配置位置を変更**
Ⓑ **フォントの種類と色を変更**
　タップするたび設定が切り替わります。
Ⓒ **文字の背景の変更**
　タップするたびに文字と背景の色が切り替わります。
Ⓓ **文字のアニメーションの追加**
　タップするたびに ON ／ OFF が切り替わります。選択するフォントによってアニメーションが変わります。
Ⓔ **文字サイズを変更**
　上下にスワイプで文字の大きさを変えられます。

⑤ 好みの文字にアレンジできたら「完了」をタップ。

⑥ 「」をタップしてスタンプを添える。

⑦ 好みのスタンプを選択。

上にスワイプすると様々なスタンプがあります。検索窓に入力することでも探せます。（スタンプは p.122 でも解説しています）

🌸 花まる活用術

スワイプするだけでロマンチックに!
ストーリーズの編集画面で、左右にスワイプしてみましょう。動画でも静止画でも好みのカラーフィルターをかけることができます。レトロ調やモノクロなど、一瞬でオシャレなストーリーズに仕上がります。

p.42②の画面で左右にスワイプしてみましょう。

⑧ 文字やスタンプは、指2本を使って拡大縮小ができます。

削除したい場合は長押ししてから画面下部までドラッグしてゴミ箱に。

削除はゴミ箱へドラッグ

⑨ 文字やスタンプが入れ終わったら画面下部の「→」をタップ。

タップ

「…」をタップして画像を保存することもできます。

⑩ 「シェア」をタップ。

タップ

⑪ 「完了」をタップ。

タップ

⑫ アイコンに色がついたら投稿完了です。

色がつく

Point!

ストーリーズを見るには、投稿から24時間以内にアイコンをタップする必要があります。ハッシュタグや場所の検索画面には表示されません。主に自分をフォローしている方に見てもらいやすい機能です。

投稿完了

ストーリーズを削除する

① アイコンをタップして投稿した
ストーリーズを表示する。

② 画面右下の「その他」をタップ。

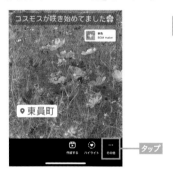

③ 投稿したストーリーズの
削除や保存ができます。

④ ③で「保存」をタップし、
「動画を保存」をタップすると、
作成した動画を
端末に保存できます。

花まる活用術

**複数の写真を
可愛くコラージュできる!**

ストーリーズのスタンプの中には、自分の写真をスタンプのように貼れるものがあります。何枚か写真を重ねて1枚のコラージュが作れます。タップするだけで星型やハート型など形も様々! フィルターをかけた動画(p.43 花まる活用術参照)の上に写真を重ねればよりオシャレで楽しい雰囲気が伝わります。

①写真のスタンプをタップ。
②自分の写真の上に絵のアイコンが
重なっているスタンプです。
③コラージュした写真はタップする
たびに形が変わります。

よりオシャレに楽しい雰囲気を
伝えることができます。

ハイライトを作成する

「ストーリーズハイライト」をタップ（p.28③参照）。

タップ

② タイトルを入力してカバーを編集。完了したら「追加」をタップ。

②タップ

①編集

① ハイライトにまとめたいストーリーズをタップして「次へ」をタップ。

②タップ

①タップ

すでに投稿済みのストーリーズの一覧が表示されます。ハイライトにまとめたいストーリーズを選択して「次へ」をタップ。

Point!

ハイライトは、プロフィール欄の「⊕」をタップして作成することもできます。

タップ

③ プロフィール欄にハイライトが追加されました。

完成!!

🌼花まるヒント

ハイライトに何をまとめて良いかわからない、どんなタイトルをつけて良いかわからないという方はp.24でコレクションの「好きな情報」に保存した写真を参考にしてみましょう。あなたはどんな情報に興味がありましたか？ グルメ？ 旅行？ ファッション？ それらを参考にストーリーズを発信してみても良いですね。

ハイライトを編集・削除する

① 編集したい
ハイライトを長押し。

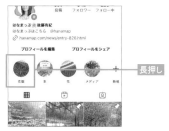

長押し

② 「ハイライトを編集」をタップ。

タップ

③ 「選択済み」と「ストーリーズ」の
タブから、ハイライトに追加（除外）
したいストーリーズを管理します。

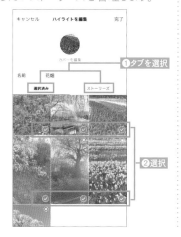

①タブを選択

②選択

タップ

ストーリーズ作成画
面で「カメラ」をタッ
プ（p.42 ①参照）。

「∨」をタップする
と表示される項目が
増えます。

タップ

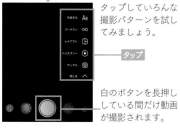

タップしていろんな
撮影パターンを試し
てみましょう。

タップ

白のボタンを長押し
している間だけ動画
が撮影されます。

（p.42 ①参照）

花まる活用術

操作に慣れたらストーリーズのカメラを
使ってリアルタイムで発信してみよう

ストーリーズは、すでに撮影済みの写真や
動画をアップできるだけでなく、付属のカ
メラ機能を使って動画を撮影することもで
きます。伝えたい！と思ったその時にすぐ
に動画を撮影して投稿することができるの
で便利です。ストーリーズのカメラには
ちょっとしたアレンジを加えて撮影できる
楽しい機能も！　気軽に発信して思い出を
ハイライトに貯めていきましょう！

幸せの数を数える

満たされている自分に気付く

あなたは1日に幾つくらい、幸せなことがありますか？

そんなことを聞かれても、答えられる人はほとんどいないと思います。私も意識して数えたことはありませんでした。

幸せの数を数えるどころか、私はあまり幸せな時間を過ごせていないと思っていたし、ただただ平凡な毎日を過ごしている自分のことを、好きだとはあまり思えませんでした。

けれども、私が好き！を楽しみながら撮影していた花や景色というのは全て、私にとっての幸せな時間を収めたものでした。「今日は10回も幸せなことがあった！」なんて毎回数えてはいなかったけれど、その日に撮った何枚もの写真を振り返り、見比べながらお気に入りのものを選んで投稿する。そんな作業をしているうちに自ずと幸せの数を数える習慣が身についていたのです。

インスタグラムの自分のページに日に日に増えていくお気に入りの投稿を眺めて満足していた私は、無意識のうちに自分の生活が幸せな時間で満たされていることに気付き始めていたようです。

好きなものを写真に収めて楽しそうに過ごしている自分を客観的に眺めると、「私って案外満たされた時間を過ごせているんだな」と、自分を認められるようになっていきました。

そしてそんな自分のことが、だんだん好きになっていきました。

幸せな時間は身近にある

「幸せな時間なんて、私にはあまりない……」

と思う方がいるかもしれません。はたしてそうでしょうか?

　大切なのは「どれだけ幸せなことが起こったか」ではなく「自分のまわりに既にある幸せの数にどれだけ気付けるか」ということです。

　広辞苑によると、幸せ＝心が満ち足りていること。

　自分が満足している時間というのが幸せな時間なのです。

　豪華なディナーを食べに行ったり、どこか遠くまで旅行へ行くことばかりが、幸せな時間とは限りません。

・今日のランチは大好物のオムライスを食べた

・道端で綺麗に咲く野花を見つけた

・今日も愛犬と元気に散歩した

　こんな瞬間、あなたはどんな表情をしていますか?

　何気ない日常の中でふと笑顔になっている、そんなひとつひとつの瞬間。それらもあなたにとっての幸せな時間なのです。

のどかな景色の中で
のんびり散歩するのも
幸せな時間

幸せだと感じたらカメラに収めてみよう

　私も最近は「美しい景色」だけでなく「嬉しかった瞬間」や「癒やされる景色」をスマートフォンで撮影して残すようになりました。

　わざわざカメラを持ち出さなくてもスマートフォンであれば、ほとんどの方がいつも持ち歩いているはず。家の中でも、散歩中でも、仕事帰りでもいつでも良いので、「なんか幸せだな」と感じたら、気軽にカメラに収めてみましょう。カメラに収めようとする癖がつくと身近な場所でも、「何を撮ろうかな？」と、日頃から探す癖がつきます。

　自分にとっての幸せな瞬間を日頃から探すようになるのです。

　例えば、今日の夕飯はオムライスだから玉ねぎとピーマンと鶏肉と卵を買おう！と買い物に行く時を想像してください。ほとんどの人は、玉ねぎ・ピーマン・鶏肉・卵を見つけて買って帰ると思います。では、美味しそうなシャインマスカットに目が留まった人は何人居るでしょう？　安売りしてアピールしてくれていたら別ですが、ほとんどの方が気付かないまま通り過ぎてしまうはず。

可愛いネコちゃんの姿に
癒やされました。
カメラに収めてみましょう！

　幸せな時間も同じです。気付いてもらおうと向こうからアピールしてはくれません。自分から意識して探さないと簡単にはその存在に気付けないのです。あなたにとっての幸せな瞬間を、意識してカメラの中に収めていきましょう。

静止画では映えない瞬間もリールにまとめれば楽しめる

　インスタグラムが流行り始めた当初は、1度に投稿できるのは正方形の静止画1枚のみ。インスタ映えという言葉が流行ったように「映える写真」を投稿することが主流でした。

　今では静止画を繋げたり、BGMを追加したり、文字を入れることができるリールとよばれる機能もあります。インスタグラムの中だけで動画が作成できるようになったのです。

　お子さんの成長や、動物の癒やされる仕草、クスっと笑ってしまう1コマなど。静止画では伝わりづらい日常の瞬間も、リールにまとめれば、楽しさや嬉しさがより相手に伝わります。

休日に公園で
のんびり過ごす時間も
私にとっては幸せな時間

　相手に伝わる動画は、見てくれた人を自然と笑顔にして、幸せな気持ちをおすそ分けすることができます。

　リールは、静止画だけでは伝わりづらい「幸せな瞬間」も共有して楽しめます。リールに残して幸せの数を数えれば、自分が満たされていることに気が付いて、そんな自分をだんだん好きになれるはず。

　あなたにとっての幸せな瞬間を、リールで投稿して残していきましょう。

花まるライフの秘訣！

自分が幸せだと感じる瞬間を共有すれば、見てくれた人も笑顔にできる

幸せな時間をリールに残そう

[実践編]

ストーリーズは 24 時間経つと消えるのに対して、
リールは投稿としてずっと残ります。テンプレートを使用したり、
自分で好きな音楽と組み合わせながら作成することができます。

テンプレートを使用して作成する

「リール」をタップ（p.28 ③ 参照）。

① 「テンプレート」をタップ。

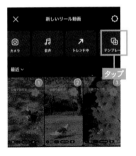

② 好きなテンプレートをタップ。

③ 「メディアを追加」をタップ。

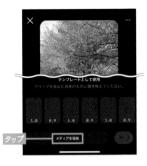

④ 静止画または動画を選択して
「次へ」をタップ。

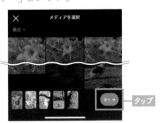

⑤ もう一度「次へ」をタップ。

⑥ 文字、スタンプ、エフェクトなどを追加。

Ⓐ 保存
作成中の動画を端末に保存します。

Ⓑ エフェクト
キャンキャなどの効果を添えます。

Ⓒ スタンプ
スタンプを添えます（p.43⑦参照）。

Ⓓ 文字
文字を添えます（p.43④参照）。

完成したら「次へ」をタップ。

⑦ キャプションや位置情報などを入力して「シェア」をタップ。

⑧ 投稿の表紙を選択できます。

矢印部をスワイプして動画内の好きな位置を表紙に設定。（カメラロールからも選択可）。「完了」をタップして⑦に戻り「シェア」をタップ。

花まる活用術

憧れリールを真似できる

素敵なリールを見つけたら「テンプレートを使用」をタップするとテンプレートとして使用することができます。（相手が使用を許可している場合のみ）

音楽や動画をカスタマイズして作成する

「リール」をタップ（p.28③参照）。

タップ

① 作成したい静止画または動画を選択して「次へ」をタップ。

❶選択
❷タップ

Point!

テンプレートを使うと静止画または動画が3つ以上必要になるのに対して、使わない場合は1つ選ぶだけで作成することが出来ます。投稿したい動画が3つ無い場合は、テンプレートは使わずに作成しましょう。

② 音楽、文字、スタンプを入れて「動画を編集」をタップ。

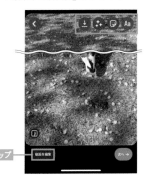

タップ

③ 黄色部分をタップ。

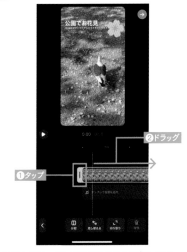

❶タップ
❷ドラッグ

両端をドラッグして動画の長さを調整します。

花まるヒント

動画や静止画の長さは、音楽のリズムと合うように調節すると、より見やすく印象的に。

④ 文字の黄色部分をタップ。

⑦「●」をタップ。

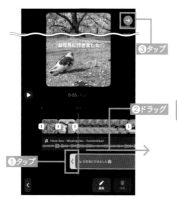

③タップ

②ドラッグ

①タップ

タップ

両端をドラッグすると動画内で文字を表示範囲
するタイミングを設定できます。セリフのよう
に一時的に文字を表示したい場合に使用しま
す。完了したら「●」をタップ。

⑤ 動画の繋ぎ目にある
白い部分をタップ。

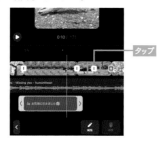

タップ

⑧ キャプションや位置情報などを
入力して「シェア」をタップ。

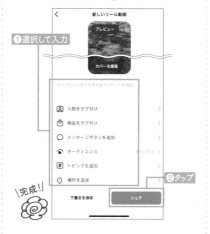

①選択して入力

②タップ

完成!!

⑥ 青い○部分をスワイプ。

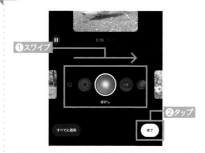

①スワイプ

②タップ

動画のつなぎ目の効果選択し「完了」をタップ。

花まる活用術

動画編集アプリ代わりに

作成したリール動画は端末にダウン
ロードして保存することが可能で
す。(②の過程で「保存」をタップ)
作成したリール動画を友だちにも送
ることができます。

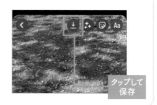

タップして
保存

あなたの「好き！」は見つかりましたか？
インスタグラムの操作に慣れるまで、まずは1日1回、
画像加工を楽しみながら写真を投稿してみましょう。

花まるライフの秘訣！

本当に好きな写真を投稿すれば、自分を好きになれる

インスタは自分では気付かなかった「好き！」にも出合える

投稿は好きなことを上達させるための近道

画像加工を楽しめれば気分もハッピーに

あなたが残す物語が誰かの役に立つ

自分が幸せだと感じる瞬間を共有すれば、見てくれた人も笑顔にできる

第二章

撮影を通して
感性を磨こう

日常の中から自分が惹かれる被写体を探して、
どう撮るかを考えながら撮影することで感性を磨いていきます。
見映えだけにとらわれない、心で感じたことを表現するための、
魅力的な撮影方法をお伝えします。

撮ることは感性を豊かにする

カメラは日常がより美しく見える

インスタグラムの操作は、慣れてきましたか？

投稿することは楽しくなってきましたか？

第一章では、自分が好きなものを撮影することの楽しさをお伝えしました。行動力が高まり日々の楽しみも増えてきたはずです。「インスタグラムって楽しい！」「もっとたくさん投稿したい！」と思っていただけたなら、第一章の目的は見事達成です。

第二章では、撮影を通して感性を磨く方法をお伝えします。「このように撮ってください」と、撮り方だけをお伝えするのではありません。撮影を通して気付ける学びも含めてお伝えしていきます。

綺麗なものだけを撮影していると、綺麗なものにしかときめかないようになってしまい、途中で飽きてしまう方がいます。「綺麗に撮らなきゃ！」と周囲へのプレッシャーを感じてしまい、写真を撮ることや投稿することを心から楽しめなくなってしまうからです。

写真は、自分が心で感じたことや伝えたい想いを、「撮るという行為で表現する」ためのものでもあります。そのような楽しみ方もできるようになると、いろんなものを心で感じられるようになり、感性が磨かれていきます。感性が磨かれると、幸せな瞬間をより多く見つけられるようになり、日常が幸せであふれていくのです。写真を撮ることで日常がもっと豊かになる、花まるインスタライフの核心となる部分です。

考える時間が感性を育む

「写真が上手く撮れなくて…」スマホやデジカメに限らずこれからカメラを学びたいという人が決まって口にするセリフです。そんな時、私は「今ここで何か撮ってみてください」とお願いするようにしています。

　するとみなさん、一瞬にして撮りたいものを見つけて、慣れた手付きでカシャ！っとシャッターを押してくれます。その間なんと平均約3秒！「上手く撮れない」と口では弱音を吐きながらも、わずか3秒の間に素早く撮影できるスキルには毎度驚かされます。そんな方

仲良さそうに
咲いているヒマワリから
愛情が感じられるよう
撮影した1枚

たちも、撮影の楽しみ方を覚えると1枚の写真に時間をかけるようになります。どう撮るかを考える時間が楽しいことに気付くからです。

　見栄えも大事ですが、何を感じて撮影するのかが大切です。

　それでもやはり最低限のカメラの操作は必要です。撮影を楽しむ前に、まずはカメラの基本操作を覚えておきましょう。

花まるライフの秘訣！

自分が心で感じたことを写真で表現する

覚えておきたい カメラの基本操作

「写真を撮ること」を楽しむために一番大切なことは「何をどう撮りたいか」です。見栄えを気にすることも大切ですが「見栄えの良いものを探すこと」が目的になってしまうといつか疲れてしまいます。本書では、撮りたい！と惹かれた気持ちを、カメラでどのように表現するかを学びます。そのために最低限知っておきたい機能に絞ってご紹介します。

グリッドを表示しておこう

水平に撮影したつもりでも、よく見ると傾いていることありませんか？カメラにはグリッドを表示する機能があります。グリッドとは格子状の補助線のこと。写真の傾きを防ぐために表示しておくと良いでしょう。

グリッド

POINT!

〈iPhone の場合〉

ほとんどのスマートフォンが３×３のグリッドです。カメラのアプリを閉じ、iPhone の設定画面を開きます。カメラの項目の中で、グリッドにチェック。Android の場合は機種ごとに設定が異なります。「機種名 グリッド」のワードで検索して、表示方法を確認してください。

POINT!

〈デジタル一眼カメラの場合〉

メーカーや機種により、３×３、４×４などグリッド数が異なります。「格子線」「表示罫線」「フレーミングガイド」などと呼ばれます。取り扱い説明書で確認して表示してください。

グリッド上に被写体を配置しよう

「写真を撮る時には構図を意識する」とはよく言われますが、難しく考える必要はありません。グリッドの線や交点を目安にしながら、被写体を配置するだけ。被写体とは、写されるもののこと、つまりあなたが写真に撮りたいと感じた主役のことです。どの位置に配置すれば魅力的に見えるかを考えれば良いのです。詳しくは次ページから実践していきます。まずはグリッドの活用方法を確認しておきましょう。

POINT!

ラインを活用して配置する

どこかに出かけて眺めの良い景色に出合ったら、地平線や水平線、山並みなどの境界線をグリッドのラインに合わせて配置してみましょう。ぴったりと合わせる必要はありません。目安程度に活用しましょう。

POINT!

交点を活用して配置する

主役にしたいものは、何も考えずに適当な位置に置くのではなく、グリッドの交点を意識して配置する癖をつけましょう。画面の中央もしくは4つの交点のいずれかを中心に配置します。

🌸 花まる活用術

まずは三分割法を身につけよう

縦横を三分割にしたグリッドを用いて被写体を配置する構図を「三分割法」といいます。三分割法を意識するだけで主役を配置する場所をスムーズに決められるようになります。

主役が大きい場合は、1番目を引く部分を意識しましょう。こちらはガクの部分を交点上に配置。

自分好みの明るさで撮影しよう

写真の明るさを「露出」といい、明るさを自分で決めることを「露出補正」といいます。カメラは白いものは淡いグレーに、黒いものは濃いグレーに写します。「白は明るすぎて見えない」「黒は暗すぎて見えない」ため、見えやすいようにカメラが自動で明るさを決めてくれているのです。カメラは白や黒を色だと判断できず、光の明るさで捉えているためです。カメラ任せにせず、自分の目で最適な明るさに設定しましょう。露出補正を使いこなせば、表現の幅が広がります。

〈iPhone の場合〉

タップしてピントを合わせると電球のマークが表示され、上下にスワイプして明るさを変更できます。長押しをすれば「AF/AE ロック」と表示されピントと明るさが自動的に変わらずに固定され便利です。Android の場合は機種により異なります。「機種名＋露出補正」のワードで検索し表示方法を確認してください。

・AF はオートフォーカスの略
　　　　　　→自動でピントを合わせる
・AE はオートエクスポージャーの略
　　　　　　→自動で明るさを決める

スワイプで明るさを変更。

タップしてピントを合わせます。長押しするとピントが固定されます。

〈デジタル一眼カメラの場合〉

撮影モードを「絞り優先モード（A モード、AV モードとも呼ばれる）」にすると、静止しているものを撮影する時に便利です。その上で「露出補正」方法を確認しましょう。露出をプラスに変更すると明るく、マイナスに変更すると暗く写ります。また、「F 値」を変更すれば背景のボケ具合が変化します。

撮影モードをAモードまたはAV モードに設定します。

露出補正は＋ーで表示されます。操作方法を確認しておきましょう。

花まる活用術

露出補正の仕組みを試してみよう

身の回りにある黒いものと白いもの、それぞれにピントを合わせて撮影してみましょう。明るさが少し変わるはずです。目で見た黒さや白さに近づくように露出補正をしましょう。

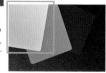

黒にピントを合わせると、カメラは明るく写します。（暗く補正すると良いです）

白にピントを合わせると、カメラは暗く写します。（明るく補正すると良いです）

アスペクト比を理解しよう

アスペクト比とは、写真や画像の縦横の長さの比率のことで「横：縦」の順に数字で表記されます。例えばスマートフォンのアスペクト比は、9：16から9：21のものが主流です。それに対してインスタグラムの投稿は1.91：1から4：5、ストーリーズは9：16です。アスペクト比が異なるため、写真全体が枠内におさまらず一部だけ切れてしまうことも。それぞれの比率の違いを頭に入れて撮影しましょう。

POINT!

様々なアスペクト比

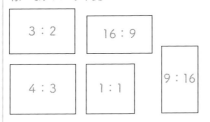

16：9	YouTube動画や、現在のワイドサイズのテレビに使われています。
4：3	iPadや一部のデジタルカメラで使用されています。以前のアナログテレビの比率です。
3：2	デジタルカメラの一般的な比率。写真やハガキ、A判やB判の用紙に近い比率です。
1：1	インスタグラムのプロフィール欄や検索画面で使用されています。

POINT!

スマホカメラのアスペクト比

機種により初期設定が異なります。iPhoneの場合は4：3、Androidの場合は機種により16：9のものがあります。プリントしたり写真を投稿する方は4：3、待受にしたりストーリーズやリールに静止画を投稿したい場合は16：9が良いでしょう。
※動画のアスペクト比はほとんどのスマートフォンが16：9です。

iPhoneの場合はカメラ上部の「∧」をタップすると下部で写真のアスペクト比が変更できます。Androidの場合は機種によりカメラアプリの設定画面（「⚙」や「…」をタップ）から画像サイズを変更できます。

花まる活用術

縦か横どちらで投稿すれば良い？

インスタグラム上で表示される面積が大きくインパクトがあるため、最近は縦で写真を投稿する方が多いです。けれども本来は被写体をどのように表現したいのかによって縦か横かが決まります。

広大な菜の花畑の広がりを表現したいため横位置で撮影。

エスカレーターの高さや奥行きを表現したいため縦位置で撮影。

惹かれた理由を考える

写真も絵も Picture

　例えば絵の具で絵を描く時のことを想像してみてください。子どもの頃に学校の授業で絵を描いた時のことでも良いです。何を描きたいかが決まれば、まずは座る場所を移動したり、物を動かしながらどの角度から描きたいのか考えるはずです。絵の具で着彩する時も、そのままの色で塗りませんね。青や黄色や赤を混ぜてみたり、水を混ぜて濃さの調節をして自分なりに楽しんでいたのではないでしょうか？
「自分がどう描きたいか」、理想とする絵が頭の中にあり、それに近づくように描くにはどうすればよいかを考えて描いていたはずです。

　写真も絵と同じPictureです。何を撮りたいかが決まったら、「どう撮りたいか」を想像することが大事です。

何に惹かれて撮りたいと感じたのか

「どう撮りたいか」がわからないという方は、それが撮りたいと惹かれた理由を考えると良いでしょう。

　可愛いと感じたら可愛く、景色の壮大さに感動したなら広く、木や建物の高さに驚いたなら高く見えるように撮りたいところ。

　写真を撮る時に限らず、惹かれた、感動した、気に入った、美味しかったと感じた時も理由を考えてみると良いです。

　感じた理由を分析するだけでも感性や想像力がどんどん磨かれます。

　これまでは「上手く」撮れなかったのではなく、自分が無意識のうち

花菖蒲の柔らかい花弁に
惹かれました。
ふわっと風になびく瞬間を
撮ってみましょう

に頭の中で描いていた「理想のイメージ」通りに撮れなかっただけ。

　惹かれた理由が明確になれば、それがあなたの「理想のイメージ」です。
あとはそのイメージに合った撮り方を絵を描く時のように考えるだけ。

　具体的には、次の手順で撮影していきます。

　1．角度（どの位置に座るか、どの向きで物を置くか）

　2．大きさ（どれくらいの大きさで描くか）

　3．位置（画用紙のどこに描くか）

　4．背景（背景や全体をどう仕上げるか）

写真が上達するための近道は、自分が何をどう撮りたいのかを考えて、
理想の写真を頭の中に描き、それに近づくように撮ることです。

　まずはあなたのお気に入りの小物を準備してください。惹かれた理由
を考えながら、理想の写真になるように撮影してみましょう。

花まるライフの秘訣！

どう撮りたいかを考えることが感性や想像力を育む

お気に入りを撮ってみよう

あなたの身の回りにあるお気に入りの小物を何か準備してください。そしてまずは1枚、好きなように撮影してください。身近な小物を被写体にして、基本的な撮影手順を身につけます。「角度」「大きさ」「位置」「背景」の順に、自分が写真を通して伝えたいことと合っているか、ひとつずつ確認しながら撮影してみましょう。

角度を決める

まずは肉眼でどこに魅力を感じるのか探してみましょう。惹かれた部分はどこですか？　形ですか、柄ですか？　カップの使い勝手であればどのような部分ですか？　その部分が伝わりやすい角度を決めましょう。

POINT!

惹かれた部分が見やすい角度

マグカップを動かしながら、角度を変えて撮影。お気に入りのリボンの柄が見えやすく、取っ手の形状もわかりやすい1番良い角度を探して撮影しました。

POINT!

お気に入りの柄が 一部しか見えない △

マグカップは真横から撮影するのが一般的なイメージ。取っ手の形状はわかりやすいですが、お気に入りの取っ手まわりのリボンの柄が見えづらくなっています。

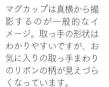

被写体の
角度を変えて
撮影

ヒント！
なぜ撮りたいと
感じたのかを考えてみよう
まずは、なぜそれを撮りたいと感じたのか、自分はその被写体の何に惹かれたのかを考えることが大切です。これは小物に限らず、どんな場合でも撮影する時は考えるようにしましょう。

　角度が決まったら次に、魅力を感じた部分が引き立つ大きさを考えてみましょう。大きく写すほど伝えたい部分はより伝わります。けれどもあまり大きく写しすぎると、何を写した写真なのか、わからなくなって

しまいます。色々な大きさで撮影して見比べながら、魅力が伝わる大きさを決めましょう。大きさが変わると見え方も変わります。カメラを上下左右に少し動かしながら角度も再確認していきます。

POINT!

柄も形状も わかりやすい大きさ

マグカップの高さに合わせ、上下に多少の余白は入る大きさが一番良いと感じました。大きすぎず小さすぎず、花柄やマグカップ全体の形が伝わる大きさで撮影しました。

マグカップ全体が写る大きさで撮影

POINT!

全体の形状がわかりづらい △

お気に入りの部分を拡大して撮影。取っ手部分に花柄のリボンが描かれている魅力が十分に伝わります。しかし取っ手部分だけをアップで写してしまうとマグカップであることがわかりづらいです。

花まる活用術

ズームで寄れば歪まない

被写体に近づくとカメラによっては歪みが生じます。iPhoneの場合は2倍ズームくらいがおすすめです。ただしスマホカメラはズームをすると画質が劣るため印刷など高画質用には不向きです。

ズームをせずにカメラを近づけて撮影。形状が少し歪んで見えます。

2倍ズームで撮影。近づいて撮影しても歪みが気になりません。

位置を決める

　次は撮影する大きさに合わせて被写体を配置する位置を決めます。「大きさ」と「位置」は、写真の構図を決める重要な要素。前ページのように真ん中に配置するのもインパクトがあり良いですが、ここではさらにグリッドを使用して被写体を配置します。その時に意識するのは、惹かれた部分は人に例えると目の部分だと思うこと。左右どちらに配置すれば被写体の目線を遮らないか、撮り比べてみましょう。

位置を変えて
撮影

POINT!

惹かれた部分の先に
ゆとりがある位置

マグカップの目の前が詰まらないように、写真の左側に配置を変更しました。目の前にゆとりが生まれて、写真が明るい雰囲気に。詰まっているイメージも解消されました。

POINT!

どこか窮屈な
感じがする △

惹かれた部分はマグカップの右側にあるリボン柄。人の目に例えてみると、主役の顔は右を向いている。右側に配置すると目の前が詰まっているイメージです。

ヒント!

いろんな位置で
撮り比べてみよう

慣れている方でも思い込みで撮影し、「もう少し左側に置いて撮れば良かった」と後悔する方は多いです。慣れるまでは1枚に絞らず、何パターンか撮影して見比べる癖をつけましょう。

花まる活用術

存在感のある被写体は
日の丸構図

グリッドの真ん中に配置することを日の丸構図といいます。目線を自然と真ん中に誘導して、存在感を際立たせる効果があります。被写体を強調したい場合におすすめ。

背景をすっきりさせて真ん中に配置。細部を見せる必要はなくマグカップの存在感が伝わります。

背景を整える

最後に、撮りたいイメージに合わせて背景を整えて写真を仕上げていきます。主役に気を配るだけでなく、背景にまでどれだけ気を配れるかによって写真の出来がぐんと変わります。長くカメラを続けていても、ついつい背景まで目を向けられずに余分なものが写ってしまっているという方は多いです。最後に一呼吸置いて、写真全体を四隅まで眺めてみて、余分なものが写っていないか確認してみましょう。

POINT!

背景の色味を抑えて整えた

下の写真で背景に置いていた赤いケーキからクリーム色の造花に変更。花がマグカップより主張しないようにできるだけ後方に配置します。それにより背景の色味が抑えられ、主役に目が行くように。

背景の小物を
変更して撮影

POINT!

真っ赤なケーキに目がいってしまう △

マグカップの使用感を表現するため、お菓子を飾ってみました。ティータイムの雰囲気が伝わりポップなイメージに。けれども赤いケーキが主役より目立ってしまっています。

ヒント!

どんな写真も最後に背景を確認しよう

今回は室内での撮影のため、雰囲気に合う小物を背景に置きましたが、屋外で撮影する時も同じです。主役よりも目立つものが背景に写っていないか、仕上げに必ず確認しましょう。

花まる活用術

撮影時の基本手順おさらい

ここでお伝えしたことは、すべて構図に関わることです。明るさは加工機能を使ってあとから修正できますが、構図は修正ができません。しっかりと身につけておきましょう。

撮影の キホン	1 角度 を決める	2 大きさ を決める	3 位置 を決める	4 背景 を整える

知識を得て美しく撮る

美しさとは

「撮りたい！」と思うものがあれば、そのものに関する知識を事前に得ておくことも魅力に気付くためのヒントになります。

　私が花を撮り始めた頃は見栄えばかりを気にして、「綺麗に撮りたい！」「可愛く撮りたい！」という気持ちだけで撮っていました。花は、ただ撮るだけでも十分綺麗に写ってくれました。けれども花の写真を楽しむうちに、ただ綺麗に撮るだけでは物足りなくなってきました。その花を見て感じる美しさが、写真からは伝わっていなかったからです。

「綺麗」と「美しい」の違いについて明確な定義はありませんが、綺麗とは見た目が整っていたり清潔なこと。美しいとは「内面からにじみ出るもの」「時間の経過によって現れるもの」とも言われます。人でいうと個性や経験といったところでしょうか？

　では、花の美しさを表現するには、どうすれば良いのでしょうか？

日に当たると花が咲く福寿草。幸せを招くという花言葉をイメージして撮影

昔から人々は花に魅了されていた

奈良時代に完成したといわれる万葉集にはすでに、花の美しさがたくさん詰まっていました。日本の植物学の父と呼ばれる牧野富太郎博士が名付けた花々の名前や図鑑には、博士が感じた花の美しさが込められています。様々な時代の絵画にも花は描かれ、カメラのない時代から人々は花に魅了され、その魅力を言葉や絵にして伝えてくれています。

まずはそれらを学ぶことでも、花の美しさに気付くことができます。

知識が深まると自分らしい写真が撮れる

私は、花の写真を撮る際はその花について調べるようにしています。

知識を得て自分なりに解釈してから花を見にいくと、見た目だけではない花の美しさを自分なりに感じることができるようになりました。

出かける目的も、「綺麗な花の写真を撮ること」から「自分が感じた花の美しさを写真で表現すること」に変わっていきました。

自分が感じた魅力を表現できる手段のひとつがカメラであって、それを共有できることが写真の楽しさなのです。

写真の見た目を綺麗に整えることは大切ですが、それだけを目的にすると、綺麗なものにしか楽しさを感じられなくなってしまいます。

あなたが感じた魅力を伝えるための写真が、あなたらしい写真です。あなたは何に美しいと感じるか、花の写真を通して表現してみましょう。

花まるライフの秘訣！

特徴や歴史を学ぶことも美しさに気付くヒントになる

[実践編] # 花を撮ってみよう

　道端で可憐に咲く花や、部屋に飾る豪華な花、旅先で訪れた一面の花畑で咲いている花や、自宅の庭先で育てている花など、季節ごとに咲く色とりどりの花々は人気の被写体で　スマートフォンの待受にしている女性も多いです。様々な角度からじっくりと眺めながら、背景や角度を工夫してその花の個性が伝わる美しい1枚を撮影してみましょう。

色が映える背景を選ぶ

　花の魅力は？と聞かれた時に色と答える方は多いのではないでしょうか？　花の色を美しく撮りたい時は背景の色にも気を配りましょう。写真の中の色情報を整理することで、主役の色がさらに際立ちます。

POINT!

空を背景にして梅の白さを際立たせた

花を見上げる形で背景が空になるように撮影しました。早春の爽やかな空の色に梅の白さが際立ちます。周囲に他の梅もないため、主役の梅の花が際立っています。

POINT!

梅の花の白さが伝わりづらい △

梅の花の白さに惹かれて撮影したものの、蕾のピンク、空の薄い青、枝の茶色、背景の色がいくつもあり、主役の白さが浮き出ていません。

背景の色を意識して撮影

(ヒント!)
屋外でも背景を整えよう

室内とは異なり、屋外で撮影する際は背景を自由に動かせません。まずは自分の目で主役が引き立つ背景を探してみましょう。背景が決まったらカメラの角度を動かしながら、余計なものが写らないように背景を整えます。

魅力を活かせるアングルを選ぶ

惹かれる1輪を見つけたら、その場所から1枚だけ撮影して満足するのはもったいないです。上からや下から、右からや左からなど、花は眺める角度によって様々な美しさを見せてくれます。虫になったつもり

でしゃがんでみると、思いがけない魅力を発見できることもあります。被写体に対してカメラを向ける角度のことを、アングルといいます。1番魅力的なアングルで撮影できるように日頃から意識してみましょう。

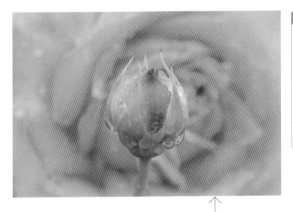

様々な
アングルを試して
撮影

POINT!

丸く小さい 蕾の可愛らしさが 強調された

蕾の真後ろに薔薇の花が綺麗に見えるアングルを発見。背景を花で埋め、蕾の存在感を引き立てるため真ん中に配置し日の丸構図に。ふっくらと丸い蕾の魅力も伝わります。

POINT!

蕾以外にも 目がいってしまう △

ふっくらとした蕾も可愛らしいけれど、伸びた茎の方に目がいきがち。背景の薔薇にも存在感が出てしまっています。主役の蕾がより魅力的に見える角度を探してみましょう。

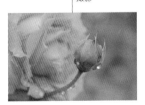

ヒント！ 薔薇の蕾を子どものように見立ててみる

華麗に咲く薔薇と、その下から伸びている蕾が、親子のように見えました。親に見守られながら、これから育っていく蕾の、希望に満ちあふれた様子を表現したいと思いました。

花まる活用術

360度から花を観察しよう

「もう少し花がこっち向いていたら良いのに」と、花が動くことを期待し自分は一歩も動かない方が結構いらっしゃいます。まずは右の図の角度から眺めてみましょう。

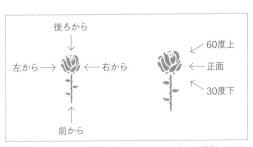

慣れるまでは、花を撮る時はこの角度から撮影するのをルーチンにしてみるのも良いです。

擬人化してみる

伝えたいことがより伝わりやすくなるように、人以外のものを人のように表現する擬人法。小説や詩に使われることが多いのですが、花の撮影にも応用することで、花の魅力がより伝わります。花畑に行くと美しい花が数え切れないくらい咲いていて、どの花を撮れば良いか迷うこともありますよね。そんな時は私は人のように見える姿や、人のような表情をしている花を探しながら撮影を楽しんでいます。

POINT!

嬉しそうにバンザイ をするヒマワリ

バンザイをしているようなヒマワリに惹かれて撮りました。手のように見える葉を目立たせるため、他の花が映らないよう空を背景に。

 ヒント!
目線の先に 余白を入れる

被写体を少し左側に寄せ、ヒマワリの顔が見上げる方向に余白を確保することで、見上げている様子が伝わりました。

POINT!

仲良さそうに 寄り添う野花たち

野花が2輪、寒空の下で寄り添うように咲いていました。後ろに咲く1輪がうらやましそうに見ている気がしたので、背景に入れました。

ヒント!
脇役を入れることで より主役が引き立つことも

2輪だけを撮影するのも良いが、1人きりで咲いている1輪と対比させることで、寄り添って咲いていることを強調することもできます。

全体を入れずに華やかに魅せる

長方形の写真の中に丸い花を収めようとする方は多いです。すると図鑑のようなイメージになるので、花の観察が好きな方にはおすすめの撮り方です。ただ、図鑑で見るとどの花も同じ大きさに見えてしまいます。実際には、牡丹とタンポポでは花の大きさが全く違います。花の輪郭全体を入れて撮りましょうという決まりはありません。はみ出るほどに撮ることで花弁をより華やかに見せることもできます。

POINT!

牡丹の花弁の華やかさが伝わった

牡丹の花の輪郭を一部だけしか見せないことで、収まりきらないほど大きい花なのだと見る人を想像させることができます。

写真の中に収まらない大きさで撮影

POINT!

華やかさよりも形が伝わる △

花の輪郭全体を収めたため、牡丹の魅力である大きさや華やかさは伝わりづらいです。花の丸い形は伝わりますが今回撮りたい意図とは異なります。

ヒント!

花言葉を調べてみる

牡丹の花言葉は「風格」「富貴」。花弁のボリュームや華やかさが牡丹の魅力だと感じたため、それらが伝わる撮り方を考えました。

　花まる活用術

風景もより華やかに

長方形の中に収めずに大きく魅せる撮り方は風景撮影時にも応用できます。例えば桜並木を撮る場合、ほんの僅かな違いでも、ズームをして空が見えないように撮る方が桜並木をより華やかに見せることができます。

空を見せたいならもう少し空を多めに入れる方が良いです。 △

中途半端に空を入れるより、空がない方が桜並木が華やかに見えます。

尊い時間を写真に収める

空は時間を描く壮大なキャンバス

　窓を開ければ、壮大でドラマチックな絵画が広がります。誰もがいつでもどこからでも眺められる、その絵画のタイトルは空です。

　季節によって様々な雲が描かれ、形は刻一刻と変化します。朝夕は美しく染まり、自然が作り出す色合いに魅了されます。雲さえあれば、同じ絵が描かれることはもう二度とありません。空はその一瞬一瞬を大切に、何十億年も前から描かれているキャンバスなのです。

　太陽は空の象徴です。日出づる国である日本では神話の時代から、太陽神である天照大御神や太陽を崇めていました。年の始まりに見る初日の出は、太陽のありがたさや月日の巡りの尊さを感じます。

　しかし、暦というのは人間が作ったもの。お正月に限らず、太陽はその神聖な姿で、日の出と日の入りを毎日繰り返しています。

　私の住んでいる場所では、太陽は海から昇り、山の向こうに沈んでいきます。海は海岸線や高いところまで行かないと見られませんが、山は高い建物さえなければどこからでも眺められました。見慣れた山の稜線に沈んでいく風景が、私にとっての夕日でした。

　その山の上から初めて見た夕日が今でも忘れられません。太陽が山に沈んで終わりだと思っていた一日にはまだ続きがありました。その日は太陽が、いつもの見慣れた山のその奥にある、遥か向こうの地平線に沈んでいったのです。その日は一日がいつもより長く感じられ、私の「今

毎日夕日が沈む
山の上から眺めた
大きな夕日に
時間の尊さを感じました

日」にはまだ続きがあったのだと時空を旅した気分になりました。

　当たり前のことですが、それぞれの人が住む場所によって僅かに異なる、一日という時間の尊さを感じた日でした。

良い瞬間を待とう

　晴れた日に景色を撮る時は、雲を意識するだけで写真のイメージが変わります。時間が許す時は、のんびり空を眺めながら、雲が自分好みの絵を描いてくれる瞬間を待ってみるのも良いでしょう。

　素敵な空だと思った時は、撮ることを後回しにしてはいけません。すぐに写真に収めましょう。10 秒も経てば風に流れて雲の形は変わってしまいます。「すぐに撮っておけば良かった…」と何度も後悔したことがあります。その度に空は一瞬の大切さを教えてくれました。

　壮大な絵画を撮影して、その瞬間の尊さを感じてみましょう。

花まるライフの秘訣！

空を眺めると時間の尊さに気付く

[実践編] 空を撮影してみよう

毎日撮影しても飽きない、一番身近で大きな被写体が空です。朝焼けや夕焼けの鮮やかさは、自然が織りなすものとは思えないほど。スマートフォンさえ持っていれば、誰でも気軽に絵のような1枚を撮影することができます。色が一番美しく見える明るさや、空の迫力が伝わる構図を考えながら、ふと気付いた時には空を見上げて撮影してみましょう。

空の色を美しく撮る

茜色の空を美しく撮るためには、明るさの設定が重要です。そのまま撮ると肉眼で見るより少し明るく写ってしまいます。カメラ任せにせず、空の色が美しく見えるように、自分で明るさを調節してみましょう。

POINT!

夕焼けの色がより鮮やかに

少し暗めに撮影したことで、夕焼けの色が鮮やかに。また、手前の山並みの景色が真っ黒なシルエットとなることで、夕焼けのグラデーションの色の変化が引き立ちました。

POINT!

実際より
淡い色に写り
インパクトがない △

山並みに少し雪が残る様子まで伝わりますが、明るく写したことで空の色も薄くなってしまいました。山並みか夕焼けかどちらに惹かれて撮影したのかもわかりづらいです。

↑
少し暗めに
撮影

ヒント!
空も景色も両方見せたい！
スマートフォンで撮影すると、自動で明るさを修正し空の色も手前の景色も綺麗に写してくれます。デジタルカメラの場合はHDR機能を使えば同様の効果が得られます。

空の配分を考える

空を撮影しようとすると、どんなに見晴らしの良い場所でも真上を見上げない限りは、地上の景色も一緒に撮ることになるでしょう。空をどれくらい写真の中に入れるか、その配分を考えることで、写真から伝わるものも変わります。雲のダイナミックさを伝えたい場合は空を多めに入れてみたり、地上の景色を主役にする場合は空を少なめにしたり、空の量によって見え方がどう変わるか撮り比べてみましょう。

POINT!

雲のダイナミックさが伝わる写真

空を多めに入れることで主役が雲だと明確で迫力が伝わってきます。船と対比となる位置関係も雲の大きさを強調しています。

ヒント!

空と海の地平線を真ん中で半分に割るのはダメ?

半分だと空か海かどちらを伝えたいのかがわかりません。上下対称や、敢えて対比させたい景色は半分でも良いですね。

POINT!

海の広さと波の音が伝わる写真

海を多めに入れることで、ダイナミックな雲が脇役となり、海の広さが強調されます。海辺の波しぶきの音まで伝わってきます。

🌸 **花まる活用術**

面白い雲を探すのも楽しい!

何かの形のように見える雲や、表情を感じられる雲など、雲の形を自分なりに想像しながら眺めるのも楽しいです。風に吹かれて形を変えるためシャッターチャンスは一瞬です。

ハート形の雲!すぐに形を変えたため撮影できたのは2枚のみ。

山から顔を出した雲が上空の雲を呼んでいるように見えました。

視野を広げてくれる被写体

悩み解消方法

　悩みの種類や大きさは、人それぞれで、解決に時間がかることもあるかもしれません。そんな時でも悩みから気持ちを少し楽にさせる方法があります。写真を撮るようになってから見つけた、私なりの解消方法です。

　それは、少し高い場所まで行って、家や学校、勤めている会社のオフィスなど、自分がいる街を見渡してみることです。小高い丘の上にある公園や展望台、ホテルやビルの高層階からでも良いでしょう。思い思いの場所へ行き、悩みを抱えながら日常を過ごしている自分の姿を想像してみましょう。周りには窓がある建物がたくさん建ち並び、それぞれの窓の中で暮らす自分以外の人々の姿も、星の数ほど想像できませんか？

　私は街を俯瞰して眺めることで、星のように小さな自分のそのまた中にある悩みは、とても小さなものだと思えるようになりました。

　夜の都会を眺めれば、オフィスの窓が美しい夜景となり感動を与えて

街を俯瞰して眺めると
仕事の悩みが
小さなことのように
感じられました

くれます。キラキラ輝く光の中には、遅くまで残業している人々の明かりだってあるでしょう。輝いて見える中にも、自分と同じような悩みを抱えている人が、たくさんいるはずです。

解決策を考える

自分が今いる場所が辛ければ、違う場所へ移動できる方法を考えてみませんか？　建物の中の塞がれた空間で悩み続けるのは、尊い時間がもったいないです。「行きたくない」「収入が少ない」「会いたくない」と悩んでいる時間を、「自分が輝ける場所に移動するためにはどうすれば良いか」と考える時間に変えてみませんか？　自分が悩んでいる理由や原因を考えれば、必ずどこかに解決策があるはずです。

高い場所から眺めると街全体が見渡せるように、物事を俯瞰して考えると、視野が広がりいろんな解決策が思いつくかもしれません。

建物を撮ってみる

観光地でも行かない限り、建物をゆっくり眺める機会はあまりないと思います。けれども建物は人々が生活するためには欠かせないもの。そして建物にもそれらを設計した人の考えや思いが込められています。

高い場所まで行けない時は、カメラを持って身近な場所にある建物の魅力を探してみるだけでも、少しは気が晴れるのではないでしょうか？

たまには近所を散策しながら建物を撮ってみませんか？

花まるライフの秘訣！

悩みがある時は街を俯瞰して眺めてみよう

［実践編］ 建物を撮ってみよう

　街並みや建築物も、旅先で撮影することの多い被写体ですが、カメラに収めると歪んでしまうことがありませんか？　広角で撮影すると広さが伝わりますが、そのかわりに画像に歪みが生じます。また空間の広さや立ち並ぶ建物の多さから、漠然と撮影する方がほとんどです。広い景色を撮る時にもその中から魅力を探して撮影してみましょう。

垂直を意識する

　建物や室内を撮影する時は、垂直も意識してみましょう。カメラを左右方向に回転して水平を調節するように、カメラを上下方向に回転させると垂直が調節できます。

POINT!

建築物の美しさが伝わった

柱や窓が垂直になることで違和感が解消され、目で見た光景に近づけられました。窓も美しい格子状になり魅力的な部分をより正確に写せました。

POINT!

垂直ラインの歪みにより違和感がある △

壁に対して斜めの位置から撮影したため、床のラインが斜めになっているのは構いませんが、柱や窓の垂直であるはずのラインが斜めになっているため違和感があります。

カメラを
手前に回転して
撮影

 ヒント！
建築美を探してみよう
壁の装飾、柱の形、窓の形状、迫力ある階段、観光スポットになっている建築物には魅力的な特徴があるはずです。広い空間の中からも美しいと感じる部分を探してみましょう。

街並みからも主役を見つけてみよう

　街を一望できる展望台から眺める壮大な風景や，歴史的な風情のある街並みを撮影する時，景観そのものが美しいため，全体を入れて撮れば良いだろうと，漠然とシャッターを押してしまいがちです。広い景観の中からも，道や目立つビル、木など、自分が惹かれる何かを探してみましょう。主役になるものを見つけて，配置を考えることで構図が整い，その場所の感動がより伝わる1枚になります。

↑
主役になるものを
見つけてから撮影

POINT!

目立つビルと道路を
主役に構図を整えた

手前にそびえるビルと，車通りが多い道路の輝きを主役にして三分割のグリッドのライン上に配置。ビルに向かう道路の角度を考えながら主役を配置する位置を決めました。

ヒント!
街並みの中で
主役になりそうなもの

・道路や路地　　・川や水路
・花壇や並木　　・建物の瓦や窓
・看板　　　・灯り　　　など

POINT!

ビルが密集していて
目が行く主役がない △

オフィス街のため建物が密集しており，まんべんなく輝いています。一見綺麗に見えますが主役のビルがどれなのか明確でないため，どこに目を向ければ良いかわかりません。

花まる活用術

垂直ラインも加工で修正できる

大きな被写体は，カメラを調節しても垂直に撮れない場合は多々あります。そんな時は，インスタグラムの加工機能を使って垂直ラインを修正することができます。

❶タップ

編集機能（p.38 ❸参照）の中の調整から，指定の場所をタップ。左右にスワイプして垂直ラインを修正できます。

❷スワイプ

ご馳走さまの気持ちを撮る

食事をすれば仕事を頑張れる

　仕事に意欲が湧かない時や、生きるために働くことが辛く感じる時は、食事に出かけてみると少し元気が出るかもしれません。

　私は食事を眺めると、「自分も社会のために働こう！」という気力が湧いてきます。食欲が満たされるからという理由だけではありません。

　コロナ禍で仕事がなかった時に、堂々と外出をして自然のある場所へ行きたかったことと、風景写真を楽しむ上で何か得るものがあると感じ、新茶のシーズンにお茶畑でアルバイトをした時期がありました。私は体力には自信がある方ですが、そこでは70歳を超えた女性たちが毎日、朝から晩まで私以上に機敏に動き回って働いていたのです。

　収穫のシーズン以外にも、草抜きや肥料の散布など、年中手入れが必要です。一杯のお茶を飲むための茶の葉が、年配の女性たちによって丹精込めて作られていることを、身をもって体験できました。

ご馳走さまの意味

　食事の後に使う「ご馳走さま」。「馳走」とは走り回ることで、走り回って準備をしてくれた人への感謝から食事の挨拶になったそうです。

　例えば、海老の天ぷらを注文したとします。あなたが海老を食べるために、どれだけの人が走り回ってくれたのかを想像してみてください。お店の店員さん、漁師さん、市場で働く人々。もっと掘り下げると、食器や調理道具、漁船や釣り道具を作るために関わる人々もいるでしょう。

あなたが海老を1尾食べるためだけにも、数えきれない人たちが走り回ってあなたを支えてくれていることがわかります。

「私も社会のために働こう！」という気力が少しずつ湧いてきませんか？あなたの仕事も必ず誰かの支えになっているはずです。

美味しさを写真で伝えてみよう

　ご馳走を美味しそうに撮るにはどうすれば良いでしょうか？　やはりご馳走の中からもあなたが一番魅力を感じる部分、つまり食欲をそそられる一番美味しそうな部分がどこなのかを考えて主役を決めることです。

　どれも美味しそうで一番を決められない！という方は、上から全体を撮ってみても良いです。たくさんの品数が一度に眺められると、1食のために多くの人が関わっていることが写真からも伝わります。

　ご馳走さまの気持ちを込めて美味しそうな1枚を撮影してみましょう。

この1食をいただくために働いてくれた人の数は想像できないほど

花まるライフの秘訣！

あなたの1食は多くの人に支えられている

[実践編] # 食べ物を撮ってみよう

家で手料理を作った時、友人とランチを食べに行った時、お店で可愛いスイーツを買った時など、思わず写真に収めて誰かに伝えたくなりますよね。写真を見てくれた人に「美味しそう！」が伝わるように、撮り方を工夫してみましょう。食べ物を撮る時も大切なのはいつもと同じ、美味しそう！だと魅力的に感じた部分を主役に撮影してみましょう。

美味しそうな部分を見せる

お皿に盛られた料理を眺めて、一番美味しそうだと感じる部分を探してみましょう。食欲をそそられる部分にピントを合わせて撮影します。お皿はすべてを写さない方が料理の魅力が伝わります。

POINT!

アップで撮ると美味しさが伝わる

お皿の歪みが解消され、エビフライのサクサク感も伝わりました。より美味しそうに見せるため加工で暖かさをプラス。サラダやパンは端に写る程度にしたことで、自然とエビフライに目が行くようにもなりました。

POINT!

拡大しないと 美味しさが 伝わりづらい △

メインとサラダとパン、内容はよくわかるけれど、美味しさのインパクトは伝わりづらいです。全体が入るよう広角で撮影しているためお皿が歪んで大きく見えています。

少し離れて
ズームで撮影

(ヒント!)
食べ物撮影はズームを駆使しよう
p.67 の花まる活用術は食べ物撮影の時に便利。スマートフォンでもデジタルカメラでも目の前の食べ物は少し離れたところからズームして撮るだけでワンランク上の1枚に。

スイーツを真上から撮る

スイーツはついつい写真に撮りたくなりますよね。可愛らしさを伝えるために真上から撮影してみましょう。シンプルなお皿の上に置かれたスイーツは写真によく映えます。ただし室内で真上から撮ろうとする と照明の光でカメラを持つ手が影になってしまいます。そんな時は窓際での撮影がおすすめ。側面から光が入るため影になりません。食べ物を撮るのが好きな方は、窓際の席を狙ってみましょう！

POINT!

窓からの光を利用して手の影を消した

窓辺に移動して横から光が差すように撮影。上部に照明がある場合でも、窓からの光の方が強いため、手の影は解消されました。レースカーテンの効果で影も柔らかくなりました。

ヒント！
ズームを使えば影も消える!?

お店で撮影する場合は、席は移動できないし照明も動かせませんよね。そんな時もズーム機能が便利です。拡大することにより影が映らなくなる場合もあるので試してみましょう。

窓際に移動して撮影

POINT!

お皿の上に手の影が入ってしまう ⚠

飲食店や自宅のダイニングなど、上部に照明がある場所で真上から撮影すると、お皿の上に手の影が写り込んでしまいます。照明の位置を気にすることで手の影が解消できる場合もあります。

⚠ 背景が明るいため、よく見ないと湯気が出ているのがわかりません。

花まる活用術

温かそうな湯気を撮る

湯気を添えれば香りや温度が伝わります。湯気は瞬時に姿を変えるので、動画で撮影してあとから湯気が綺麗なタイミングを切り取る方法もおすすめ。背景は暗い色を選びましょう。

湯気が立っている部分の背景が暗いため、はっきりと見えます。

雨の日を楽しむ

雨の景色も美しい

　出かける日が雨だと、ちょっと気分が落ち込んでしまうかもしれません。青空の下での景色を見られない、傘を差さないと濡れてしまう、確かに不便なことはいつも以上に多いです。だけど、楽しいお出かけの日に、雨だからと落ち込んでしまうのはもったいない。

　普通に捉えればマイナスなことでも、見方を変えればプラスに転じることはたくさんあります。出かけることに変わりはないなら、雨の日ならではの嬉しいことを探しながら出かけてみませんか?

　雨に濡れた植物は生き生きとし、霧がかった山間の景色は水墨画のようです。夜道のアスファルトは街灯の光に輝きます。水たまりの中をのぞけば、美しい水紋や鏡に映るもうひとつの世界が広がります。

　雨の日には雨の日なりの美しい景色があるのです。

雨の名前も様々

　雨は季節によっても様々な呼び名で愛でられていることがわかります。

　桜の咲く頃に降る「花の雨（はるあめ）」、桜の花を散らせる「花散らしの雨（はなちあめ）」、新緑の時期に遅咲きの桜に降る「余花の雨（よかあめ）」。桜に関する雨

雨の日に訪れたお花畑。
あまり見たことのない
霧がかった
不思議な景色に出合えました

だけでもいろんな名前があります。

　野山の若葉に降り注ぐ「若葉雨」や春先に降る「雪解雨」。七夕の前日に降る雨は、「洗車雨」というそうです。これは、彦星が織姫を迎えに行くための牛車を、洗うための水に例えて付けられたのだそう。ロマンチックな名前の雨ですよね。

　みなさんは、出かける日の雨にどのような名前をつけますか？

宝物を探してみよう

「雨の日がこんなに綺麗だなんて思わなくて感動しました！」というお声をよくいただきます。確かに雨の日に切り取った瞬間は、晴れた日には見られない特別な宝物のように輝いています。

　普通の人にとってはあまりイメージの良くない景色でも、カメラを通して見ることで宝物のような景色へと変えることができます。

　ネガティブな部分からも良いところを探すことができる観察力が鍛えられるのも、写真を楽しむ人の特権です。

地面の小さな水たまりの中に宝物のようなイルミネーションの明かりを見つけました！

花まるライフの秘訣！

雨の日は良いところを探す観察力を鍛えよう

水に映る世界を撮ってみよう

雨の日の美しさは探し始めると切りがないほど。水紋は一瞬たりとも同じ模様を描くことはありませんし、水たまりの中に鏡のように描き出された世界は、雨が止み地面が乾くまでの限られた時間にだけ見ることができる貴重な景色です。天候が優れない日でもお出かけを楽しみながら、雨の日ならではの宝物を見つけて撮影してみましょう。

水紋のアートを楽しむ

小雨が降る中で、水たまりの中をのぞいてみると、幾重にも重なる水紋が雨音のリズムを奏でるように美しい模様を描いています。好きな形が描かれるまで何度もシャッターを押しましょう。

POINT!

水紋がたくさん描かれた

明るい部分を多めに入れて撮影。水たまりの中の明暗差も美しく、水紋の形状もはっきりと撮影できました。アスファルトと葉をアクセントに入れました。

POINT!

水紋があまり目立たない △

水たまり全体を撮影すると、光の加減で水紋がはっきりと見えない部分があります。白い雨空が反射している部分は水紋がよく見えますが、影になる部分は目立ちません。

水紋が目立つ部分を切り取って撮影

ヒント!

写真から音も伝えることができる

水紋を見ると雨粒の大きさを想像することができます。視覚でしか伝えられない写真の中にも、水紋を写すことにより雨の音まで伝えることができるのです。

水たまりの中の世界を探そう

　雨が上がったあと、晴れ間に出会えたら水たまりを探して中をのぞいてみましょう。アスファルトや土の地面に突然鮮やかな青空が広がる光景は、まるで絵本のようです。微風に揺らぐ水面はちょっと不思議な世界を映し、風がピタリと止んだ瞬間は鏡のように映し出します。水たまりだけを切り取って写すことで、目が錯覚するような非現実的な1枚に。肉眼では発見できない、写真ならではの光景を楽しめます。

POINT!

水たまりが描く不思議な1枚に

水たまりの部分だけを切り取り、さらに画像を180度回転させました。一見普通の公園に見えますが、水面に描かれた景色のため、どこか不思議な雰囲気になっています。

ヒント!

僅かな風の動きを感じながら撮影しよう

写真では伝わらない風の強さも、水面のゆらぎ具合で伝えることができます。風が吹いたり止んだりするのを待って、気長に撮影を楽しみましょう。

↑
水たまりだけを
切り取って撮影

POINT!

公園で水たまりを発見 △

ブランコの下にある水たまりを見つけて撮影。水面に公園の遊具が映り込み可愛らしさは感じるが、人の目が普段見ている景色と変わらない画角のため、特徴のない1枚に。

花まる活用術

風が止む瞬間は逆さ絵のチャンス

無風の瞬間が訪れたら、カメラを水面ギリギリまで下げて撮影してみましょう。水面に上下対称に映し出された写真は、インスタグラムでリフレクション（反射）と呼ばれます。

スマートフォンの場合は、上下逆さまに持ち替えて撮影すると、レンズの位置が水面際まで下がり、より綺麗な対称になります。

美しい光に気付く

日常は光に包まれている

　私たちは、毎日たくさんの自然光を浴びて生活しています。朝は爽やかな光で目を覚まし、昼は太陽の日差しの下で活動し、夜は太陽の光すらなくとも、人が作った人工的な光の下で過ごします。

　当たり前のように、光に包まれながら生活していますが、カメラを通して日常の中にあふれる光に注目してみると、これまで気付かなかった美しい光景がたくさんあることに気付きます。

　例えば、自宅の窓際で昼と夕方の光を見比べてみてください。時間によって太陽の位置が変わり、窓から差し込む光の強さや長さ、向きが変化していきます。光が変化することにより、同じ部屋でも見た目の印象が、がらりと変わります。

　外の景色も光によって変化します。木漏れ日の下ではあちらこちらで、植物たちがスポットライトのような光に照らされて、脚光を浴びています。優しい光が差す時間になると、木々たちはより色鮮やかに、水面は星屑のようにキラキラと輝きます。

夕方に公園の噴水を眺めたら
キラキラと輝いて
ドラマチックでした

光があるから影もある

美しい光を見つけたら、影にも目を向けてみてください。光が照らす裏では、影たちが個性豊かな造形を思い思いに描いています。私は影を切り取る写真が好きだったりします。影は、自分の弱い部分も個性があって良いのだと、勇気づけてくれているような気がするからです。

人のネガティブな部分を「暗い」などと言うことがありますが、裏を返せばそこに、輝く光もあるということです。自分の弱い部分もまた個性なのだと受け入れながら、輝ける光を探したいですね。

写真は photograph

この章の冒頭では、写真は英語で「Picture」ですとお伝えしました。ここでは、写真は英語で「Photograph」ですとお伝えします。

Photo＝光、graph＝絵　光で描く絵という意味です。

何を撮る時も、光は必ず意識するようにしましょう。時間が許す時には、主役が一番美しい光に照らされるタイミングを待って撮影してみてください。光を意識するだけでドラマチックな写真に仕上がります。

私達の生活は、美しい光で包まれています。しかし、多くの人がそれらに気付かないまま、日常に追われて過ごしています。

美しい光に気付ける視点が持てるようになれば、あなたの周りにあるいつもの見慣れた光景も、より彩りにあふれたものになるでしょう。

花まるライフの秘訣！

光を見つけられるようになれば日常がより豊かに

[実践編] 光を探して撮ってみよう

晴れた日にカメラを持って公園を散歩してみましょう。公園は、意識するだけで気付くことのできる様々な光であふれています。できれば夏は日の出、日の入りの前後３時間くらい、冬は昼間でも大丈夫。太陽が低い時間帯はまぶしさが和らぎ、影も伸びるので光が見つけやすくなります。その時間の光はドラマチックな瞬間の数々を演出してくれます。美しい光が写せるように露出補正を意識しながら撮影してみましょう。

スポットライトを探す

木陰では木漏れ日が、スポットライトのように植物を照らします。人の目で見ても僅かな明暗差しか感じませんが、カメラの明るさを少し下げて撮ることで、被写体を照らし出す美しいスポットライトが見えてきます。

POINT!

光の強弱により
立体感が出た

カメラが自動で判断した明るさよりも暗く補正して撮影したことで、光と影が強調されて立体感が出ました。スポットライトのような光が主役を際立たせる１枚になりました。

露出を下げて暗く撮影

POINT!

立体感を
あまり感じない △

植物にスポットライトのような光が当たっている様子に惹かれて撮影しましたが、肉眼で見たような影が表現できず、凹凸を感じない平坦なイメージの写真になってしまいました。

（ヒント!）

カメラでしか見られない光
肉眼では昼間の景色を暗く写すことはできませんが、カメラなら露出を下げれば昼間の景色でも真っ暗に写せます。どんなに暗く撮影しても光が差す部分は明るいまま、それがカメラでしか表現できない光です。

サイド光を探す

　早朝や夕方などの太陽が低い時間帯は、木々たちも綺麗に輝いてきます。低い位置にある太陽の光は、木々を真横から照らします。真横からの光は「サイド光」といい、立体感を出す効果があります。前ページでお伝えした木々の間から光が差す木漏れ日とは異なり、光が直接当たっているので、多少明るく撮影しても光を表現することができます。撮りたいイメージを考えながら、明るさを設定してみましょう。

POINT!

爽やかな光が注ぐ
ベンチが主役

露出をベンチに合わせて明るめに撮影。主役がベンチになったことで、爽やかに輝くイチョウの葉は脇役に。明るく撮影してもイチョウの輝きは表現できています。

ヒント!

サイド光を楽しもう

遊具や生き物など、木々以外にも目を向けてみましょう。横からの光は景色のあらゆるものをドラマチックに見せてくれます。

POINT!

イチョウを照らす
光が主役

葉の輝きを表現するため、露出をイチョウに合わせて暗めに撮影。影を強調してベンチの存在感を弱めることで、イチョウを照らすサイド光の美しさが際立っている1枚です。

花まる活用術

秋の紅葉もサイド光がおすすめ

紅葉を撮影する際も、サイド光の時間帯が良いです。暖かい色の光は紅葉の色をより赤や黄色の鮮やかな色合いに演出してくれます。

イチョウの木が美しい黄金色に。

真っ赤な紅葉の立体感が増しました。

影絵の世界を楽しむ

　光があるからこそできる、美しい影も探してみましょう。人や自然の曲線的な影や、構造物の直線的な影など様々な形がいろんな場所に描き出されています。夕暮れ時の長く柔らかい影は、どこか物寂しい人の感情も伝わってきます。人の目で見るよりもさらに暗く撮影すれば、いつもの景色が一転するようなシーンを切り取ることができます。影絵の世界を楽しむような感覚で周囲を観察してみましょう。

POINT!

影で存在を伝える

赤い葉は写っていなくても、近くに紅葉があることが想像できます。影で表現することにより蔦の緑が木の幹に際立ちます。

ヒント!
人や動物の影も
探してみよう

夕方の地面を見渡してみると様々な影が。人や動物を写さなくても影の一部を写すだけで存在を伝えられます。

POINT!

影の造形を
切り取る

場所は木陰の一角です。木の影全体を入れずに模様が美しい部分だけを切り取りました。影の美しさを伝えるために、木は根の部分だけを入れました。

ヒント!
大胆に切り取れば
影絵のように

何の影なのかがわからないほど、見せたい部分に絞って切り取ることで、影絵のような非日常感を出すことができます。

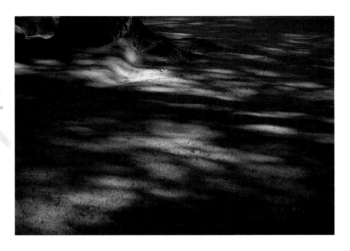

水辺のキラキラを探す

「水面が輝いていて綺麗！」そんな視点で公園の噴水を眺める人はあまりいないかもしれません。けれども何かを撮ろうと目的をもって眺めると、水面の輝きはまさに光の宝庫。宝石が散りばめられたような光景にめふれています。噴水に限らず池や川や海など、水面が波立つ場所に光が当たれば、輝きが生まれます。身近な場所で輝いているキラキラを探しながら、ときめきのある1枚を撮影してみましょう。

POINT!

キラキラを背景に添えて

落ち葉にピントを合わせることによって水面の輝きが玉ボケに。寒い季節にとどく僅かな光のあたたかさを表現しました。

ヒント！

玉ボケ写真を撮るコツ

水面の輝きや木漏れ日などの点光源を背景に撮影してみましょう。主役をカメラに近づけるほど、背景がぼけて玉ボケに。

POINT!

噴水の中で弾けるキラキラを撮る

夕方の噴水には数えきれないほどキラキラであふれています。望遠で奥にピントを合わせることで、手前の水しぶきが玉ボケになりました。

花まる活用術

スマホで星屑のようなキラキラを

スマホで上記のような玉ボケを作るのは至難の業です。ポートレートモードを活用すれば可能ですが、無理せずスマホならではのキラキラ写真を楽しみましょう。

丸い玉ボケは難しくても、細かな輝きが散りばめられたような綺麗なキラキラ写真が撮れます。

小物、花、空、建物、食事、雨、光、これらの被写体の中に、
時間を忘れて夢中で撮ったものはありましたか？
考えながら撮ることが楽しいと感じた被写体を、
継続的にカメラで収めて投稿していきましょう。

自分が心で感じたことを
写真で表現する

どう撮りたいかを考えることが
感性や想像力を育む

特徴や歴史を学ぶことも
美しさに気付くヒントになる

空を眺めると時間の尊さに気付く

悩みがある時は
街を俯瞰して眺めてみよう

あなたの1食は多くの人に支えられている

雨の日は良いところを探す観察力を鍛えよう

光を見つけられるようになれば
日常がより豊かに

第三章

自分らしさに気付き 自己実現を達成しよう

インスタグラムの応用操作をご紹介しながら、目標を達成する力を延ばします。素敵なインスタグラマーさんが数多くいる中でも、人と比べず自信を持って、自分らしく日常を過ごせることを目指します。

自己実現を目指す

自分らしく生きること

　この章では、これまでに見つけた自分の好きなことに、これから見つける自分の得意なことをかけ合わせて、自己実現していくことを目指します。自己実現とは、大きな夢を見つけて叶えてくださいという意味ではありません。趣味や遊びなど、日常にある身近なことからで十分です。そこで自分らしくありのままに生きることが自己実現です。

　アメリカの心理学者アブラハム・マズローが提唱した「マズローの欲求5段階説」は有名です。人の欲求はピラミッド状になっており、欲求が満たされると、次の段階の欲求を求めるようになるという説です。

SNS疲れの原因となる「承認欲求」もこのピラミッドの中にあります。人から認められたいという欲求から、

マズローの欲求5段階説

自己実現欲求 …………	自分らしく生きたい、自分らしさを発揮したい
承認欲求 …………	自分を認めたい、他者から価値を認められたい
社会的欲求 …………	家族や会社など集団に属したい
安全欲求 …………	安全でいたい
生理的欲求 …………	生命を維持したい

自分で自分を認められるような行動を求めるように変化し、その欲求が満たされるといよいよ自己実現へ向けて行動できるようになるのです。

　まさに私もそうでした。「人から、いいね！を貰いたい」という欲求から、「自分で目標を立てて達成したい」という欲求に変化していきました。人の評価を期待するより自分で行動することの方が楽しくなったのです。

人を笑顔にできることを探してみよう

　10年ほど前までは平凡な日々を過ごしていました。特に不満はなかったけれど仕事にやりがいを感じておらず、かと言ってやりたい仕事があるわけでもなく、このままで良いのかと自問自答を続けていました。

　そんな時、某有名ご当地キャラクターのインタビュー記事が心に響きました。「何をしたら目の前の人が笑ってくれるか、それだけを考えて行動していたら今の形になった」そのようなことが書かれていました。

　同じように行動すれば、私は何を生み出せるのか試したくなりました。当時の私が思いついた行動は花の写真を投稿することでした。けれどもただ投稿するだけではそれまでの自分と何も変わりません。人のために行動できることは何かをさらに考えてみた時、私は自然と自分が得意なことを掛け合わせていました。得意なことでないと自分のやる気が起きなかったし長く続けている自分が想像できなかったからです。

　そして思いついたものが、花の写真のコミュニティでした。

　好きなことを楽しめるだけで十分幸せなことですが、そこに得意なことを掛け合わせると、誰かを笑顔にできます。誰かを笑顔にできると、自分で自分を認められて、自分らしく生きられるようになります。

　まずはこれまでの自分の投稿を振り返りながら、自分の好きなことと、得意なことを掛け合わせて自己分析をしてみましょう！

花まるライフの秘訣！

好きなことに得意なことをかけ合わせると
人を笑顔にできる

自己分析してみよう

これまでの撮影とインスタグラムの投稿を振り返り、
自分が好きなことや得意なことを分析してみましょう。
それらを意識しながらインスタグラムを楽しむと、
自己実現に向かって行動できるようになります。

好きなものを振り返る

これまでにコレクションに保存した投稿、
自分が投稿した写真、撮影をして楽しかっ
た被写体などをヒントに振り返り、好きだ
と感じるものを書き出してみましょう。

例えばこんなもの
コスメ、スイーツ、ラーメン、子ども、
楽器、旅行、マッサージ、車、占い、雑貨、
英語、映画、恋愛、洋服、スポーツ、電化
製品、海、北海道、書籍、虹、お祭り、歴
史、俳句など

 花まるヒント

私の場合は、花、風景、建物、インテリアでした。

得意なことを振り返る

子どもの頃からこれまでの自分を振り返
り、自分の得意なことを考えてみましょ
う。学校で褒められたこと、仕事で頼られ
ること、人が嫌そうにやっていても自分は
苦でないことなどがヒントです。

例えばこんなこと
本を読むこと、文章を書くこと、リサー
チすること、チームワーク、ミスをしない、
作業が早い、飽きずに続けられる、知らな

い場所に行く、長距離運転、人間観察、社
交的、人を応援すること、場を盛り上げる
ことなど

花まるヒント

私の場合は、物事をまとめること、
教えること、計算すること、動き回
ること、一人で行動すること、体力、
アイデアを考えることなどです。

好きなことと得意なことを掛け合わせてみる

好きなことと得意なことを掛け合わせてみると、自己実現のヒントが見えてきます。思いつくものを色々とパズルのように組み合わせてみましょう。

例えば、好きなものは花しか思い浮かばなくても、そこに得意なことを掛け合わせて考えると、誰かを笑顔にできることは何通りも浮かびます。

これまでの投稿内容

・花が好き
・インスタグラムで花の写真を投稿する

 掛け合わせる

得意なこと

・文章を書く ・知らない場所に行く
・本を読む ・社交的
・リサーチする ・デザインを考える
・場を盛り上げる ・細かな手作業
・飽きずに続けられる ・お世話をする

人を笑顔にできることが見つかるかも

・花に関する素敵な場所やものをレポートする
・花に関する知識を発信
・花の見頃に関する情報を発信
・花が好きな人と撮影会
・野花を見つけて毎日投稿する
・誰も知らない花スポットの開拓
・花の名所へ誰かを案内する
・フラワーアレンジメントをやってみる
・花に関するもののハンドメイドを作ってみる
・ガーデニングをやってみる

花が好きなことと、物事をまとめることが好きなことから、花のコミュニティをやってみようと、はなまっぷを始めた時の投稿です。

あなたの好きなことに得意なことを掛け合わせたら、何が見つかりましたか？

 あなたの好きなこと ✖ あなたの得意なこと = あなたが人を笑顔にできること

世界観を作る

人と比べなくて良い場所を探す

　インスタグラムで花の写真のコミュニティを作ると決めてから、コンセプトを考えました。当時は未だ数えきれるほどでしたが、写真が好きな人のためのコミュニティはすでにいくつかありました。

　すでにあるものを作ると、何かしら自分と比較をしてしまいます。比較をしてしまう場所にいると周りが気になり、私の場合は心から楽しめません。負けないように！と頑張っていると、疲れてしまうからです。

　私が何かを始める時には、まず人と比べなくても良い場所を探します。けれども、人と比べずに済む場所というのは、人が誰もいない場所。実際にはなかなか見つからないユートピアのような場所です。

　居場所が見つからなければ、自分で作るという方法もあります。人と比べることなく楽しめる自分だけのユートピアを作ってみましょう。

細分化して自分の好きな世界を作る

　そういう訳で、私が作るコミュニティは花の写真に絞ろうと決めました。ジャンルを細分化すれば、比べてしまう相手は減りますし、同じ価値観を持つ人が集まりやすいというメリットもありました。

　写真のジャンルを絞るだけではまだ物足りませんでした。他にはない楽しそうな場所だと自分が思えるまで、ジャンルを細分化しました。写真を楽しむだけでなく、実際に花を見に出かけたくなるようなアカウントにしたいと思いキャプションに名所名を入れようと思いました。

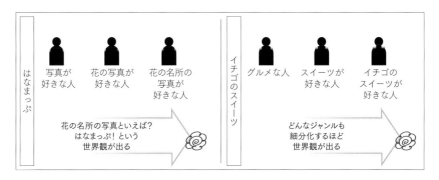

はなまっぷ
写真が好きな人　花の写真が好きな人　花の名所の写真が好きな人
花の名所の写真といえば？
はなまっぷ！という世界観が出る

イチゴのスイーツ
グルメな人　スイーツが好きな人　イチゴのスイーツが好きな人
どんなジャンルも細分化するほど世界観が出る

　今でこそ、自治体やインスタグラマーさんをはじめ、様々な方が観光地の情報発信をされていますが、当時のインスタグラムではまだプロモーション要素は薄かったように感じます。

　花の名所に行って写真を撮ることが好きな人が集まり、皆で写真を楽しみながら、いつか花のある日本地図が作れることを夢見て、アカウントの名前は「はなまっぷ」に決めました。私にとって、はなまっぷは、自分の欲しいものがたくさん詰まった前例のないユートピアでした。

　はなまっぷはコミュニティですので個人での発信とは少しわけが違いますが、投稿に少し飽きたり、何か物足りなさを感じた時には、好きなものをさらに細分化して、投稿内容を見直してみると良いです。

　自分ではまだ気付いていない、あなただけのユートピアを発見できれば、それがあなたの個性になります。

花まるライフの秘訣！

人と比べなくて良い場所を探せば個性が見つかる

個性を表現してみよう

同じ価値観の人と交流して楽しみたい！という方は、
マイページの見た目にもこだわってみましょう。
被写体を細分化したり写真のイメージを統一すると、
ひと目見ただけであなたの好きなものや個性が伝わります。

被写体のジャンルを絞る

まずは投稿する被写体を、好きなジャンルに細分化してみましょう。より細かいジャンルに絞ることにより、プロフィールページに個性を出すことができます。

グルメが好き！
食べ物に絞って投稿する。

興味を持ってくれる人が多いけれど、同じようなジャンルを投稿する人も多いです。

特にスイーツが好き！
甘いものに絞って投稿する。

ジャンルを絞るほど同じ価値観の人が集まりやすくなります。

特にイチゴのスイーツが好き！

興味を持ってくれる人が少ないけれど、同じようなジャンルを投稿する人も少ないです。

加工イメージの統一

投稿するものだけでなく、写真の明るさや鮮やかさなど加工方法のイメージを揃えることで、さらに個性を出すことができます。（加工方法はp.36参照）

明るく淡い色合いで、可愛い雰囲気の写真で統一する。

少し暗めの鮮やかな色合いで、メリハリのある写真で統一する。

花まるヒント

可愛い雰囲気にするには
明るさ→明るく
シャドウ→数値上げる
ハイライト→少し下げる
　　　　（白飛び防止のため）
彩度→好みで変更する
暖かさ→好みで変更する
メリハリのある雰囲気にするには
彩度→少し上げる
シャドウ→下げる
コントラスト→少し上げる

ハイライトや複数枚投稿を活用する

　細分化したジャンル以外のものは、ストーリーズで投稿してハイライトにまとめたり、複数枚投稿の2枚目以降で投稿すればイメージを崩すことなく見てもらえます。

食べ物も投稿したいけど、花の写真の中で浮いてしまう。

ジャンルのイメージに
合わないものは
ストーリーズで発信してみる。

ハイライトに並べて
アイコンで統一感を出せば
イメージは崩れない。

複数枚投稿の2枚目以降
に投稿してみる。

2枚目

3枚目

プロフィール画面には
1枚目に表示されるので
イメージの統一感は崩れない。

🌸 花まる活用術

名前にジャンルのワードを入れてみよう

投稿するジャンルやプロフィールページのイメージが固まったら、自分の名前を見直してみましょう。投稿するテーマを名前の後ろに加えることによって、アカウント名で検索された時に候補に上がり、見つけてもらえる可能性が高まります。

名前の後ろにイチゴの
ワードを入れます。

アカウント検索で表示さ
れる可能性が高まります。

人と比較して落ち込まない

自分を大切にできていますか？

「この人素敵だな、それに比べて今の自分は……」

　インスタグラムで見つけた素敵な誰かと、今の自分を比較して落ち込み、自分の価値を下げてしまう方が多いです。「いいね！」やフォロワー数で人と比較してしまい、自信をなくしてしまうのです。

　人をうらやむ気持ちは、よくわかります。けれども、もし誰かと比較して落ち込んでいるのが、あなたの大切な人だったら何と声をかけますか？　「あの人に比べてあなたの写真はダメだね」など声をかけますか？「あの人の写真も素敵だけど、私はあなたの写真、好きだよ！」と、いう言葉をかけるのではないでしょうか？

　それなのにどうして自分には、ダメだと伝えてしまうのでしょう？

　自分を大切にするとは、自分にご褒美をあげたり、ゆっくり自分を休ませることだけではありません。自分自身を肯定し寄り添うことです。

努力の量を比較する

　落ち込んでしまう理由は、もうひとつあります。人と比べて落ち込む人は、相手のうらやましい部分と自分のできていない部分を比較しています。何かを成し遂げた有名人、人気のあるインスタグラマーさんたちは、裏で必ず時間や労力を使っています。多くの人に見てもらえるよう投稿内容を考えたり、オシャレをして撮影したり、動画の撮影や編集にも時間をかけているでしょう。その人が一番輝いている部分だけを見て比較

するのではなく、その人がこれまでにかけた時間や労力はどれくらいなのか、見えない部分を想像してみると、落ち込む気持ちは和らぎます。

これまで書籍を何冊か作成しましたが、「どれくらい時間や労力がかかったのか」を聞かれたことはほとんどありません。そこを気にかけてくれるのは本作りを知っている方だけで、「うらやましい」「印税たくさんもらえるのでしょ」と言われることの方が多いです。つまり現実を知らない人ほど、うらやましく思ってしまうのです。

「これまでにどんな努力をしてきたのかな」そのような視点で比較してみると、「私も頑張ろう！」と思えませんか？

このような視点で物事を比較できるようになることで、私は日々の生活や仕事に対しても、前向きに捉えられるようになりました。

インスタグラムでは努力の積み重ねで頑張っている方たちがたくさんいます。その方たちの投稿をたくさん見て、落ち込むのではなく前向きな意欲に変える練習をしてみましょう。

花まるライフの秘訣！

うらやましいところより苦労や努力を想像してみよう

［実践編］

素敵な投稿から吸収しよう

インスタグラムでは、日常では知り合うことができない人たちと
出会えます。フォローをしたり投稿を見逃さないための
機能を使いながら、素敵なインスタグラマーさんたちから
良いところをたくさん吸収しましょう。

素敵な人と比較して落ち込んだら

①落ち込む自分を認めて寄り添う

親友になったつもりで、自分に寄り添った声がけ
をしてみましょう。「落ち込んじゃダメ！」と言い
聞かせるのも逆効果。落ち込む自分も受けいれて、
良いところを探して伝えてあげましょう。

②うらやましい部分を書き出す

良いところだけを見て自分と比較してしまってい
ませんか？　どんな部分がうらやましいと感じるの
かを書き出すことで客観的に分析してみましょう。

③その人の努力を想像してみる

そうなるためにその人がどんな努力をしたのか想
像して、自分にできることを考えてみましょう。

通知を受け取る

特定のユーザーの投稿をいち早く閲覧し
たい時や見逃したくない時は、通知を受け
取る設定をすれば、更新された際にリアル
タイムで知ることができます。

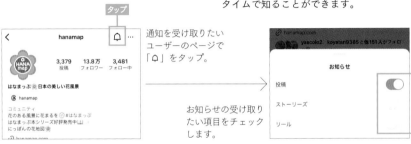

通知を受け取りたい
ユーザーのページで
「🔔」をタップ。

お知らせの受け取り
たい項目をチェック
します。

お気に入り登録する

通知までは必要ないけれど、できるだけ見逃したくないユーザーはお気に入り登録をすることで、フィードに優先的に表示されるようになります。

「三」をタップし「お気に入り」をタップ。

フォロー中のアカウントの中から追加削除が行なえます。

ホームボタンをタップ。

Instagram のロゴをタップして「お気に入り」をタップ。

お気に入りに登録したアカウントの投稿のみ閲覧できます。

花まる活用術

フォローやフォロー解除は気楽に考えよう

フォローをした人の投稿は自分のページで見ることができます。良いなと思うユーザーを見つけたら気軽にフォローしてみましょう。

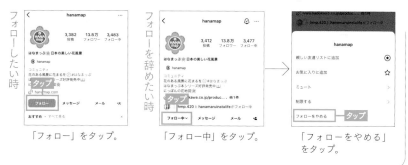

フォローしたい時　「フォロー」をタップ。

フォローを辞めたい時　「フォロー中」をタップ。

「フォローをやめる」をタップ。

褒め言葉を感謝に置き換える

褒め言葉の落とし穴

　自分の投稿を見たフォロワーさんが「上手だね！」と褒めてくれることと、自分の投稿で誰かが「ありがとう！」と喜んでくれること、どちらがあなたにとって満たされる瞬間ですか？

　一見すると、同じようにも思えるこのふたつですが、「誰かに褒めてもらうこと」と「誰かを喜ばせること」には大きな違いがあります。それは、褒めるという行動は、褒める側と褒められる側に僅かながら上下関係ができてしまっていることです。褒める側の基準で、良くできたと感じるから「褒める」わけで、これは無意識のうちに相手の「ものさし」で測られているようにも感じてしまいます。一方、喜ばせることには上下関係はなく、そこにあるのは感謝の気持ちです。

　社会生活の中や、日常生活の中では、ある役割においての「ものさし」があるのかもしれません。しかし趣味を楽しむインスタグラムの中では「ものさし」はないはずです。

承認欲求を自分で満たせるように

　私自身、誰かを褒める時に自分の中に感じる「ものさし」に違和感を感じ始めてからは、「すごいね」「上手だね」という言葉よりも、良いと感じた点を具体的に伝えたり、素敵な景色を共有してくれてありがとう、良い情報を教えてくれてありがとうという感謝の気持ちを込めてコメントしています。不思議なことに誰かを褒めれば自分にも褒める言葉が返っ

てきます。誰かに感謝を伝えれば自分にも感謝の言葉が返ってきます。感謝の言葉にあるのは相手の笑顔。その言葉をいただくと、私も人を笑顔にできている！と、自分を認められるような気持ちになります。

　一方、褒められることに慣れてしまうと、他者からの褒め言葉がなければ自分の投稿に満足できず、つまらなくなってしまいます。「いいね！」の数を気にして落ち込んでしまう理由もそこにあります。

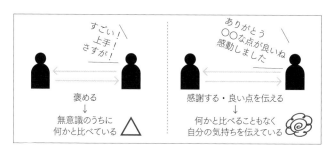

　インスタグラムを使って満たして欲しい承認欲求は、人から認められたいという「他者承認」ではなく、その先にある「自己承認」です。

　インスタグラムの投稿を通して自分に自信を持てるようになれば、日常での自分の言動にも自信が持てるようになります。承認欲求を満たすことを人に頼るのではなく、自分で満たせるような使い方ができれば、インスタグラムは自己実現に向かうための最高のツールです。

　自分の投稿に自信が持てなかったり、承認欲求に疲れてしまっている方は、褒め言葉を感謝の気持ちに置き換えてみませんか？

> 花まるライフの秘訣！
>
> ## 感謝を伝えることが自分の自信に繋がる

感謝を伝えてみよう

投稿して「いいね！」やコメントをもらう以外にも、交流方法は様々。
キャプションや写真に別のユーザーのアカウントへの
リンクを添えることができます。
メッセージなどで直接感謝を伝えるのもOK。

メンションする

投稿の中で別のユーザーの話題に触れる
時、アカウント名を入れることで、対象の
ユーザーのページへのリンクを貼って誘導
することができます。

 →   →

キャプション内に
「@アカウント名」を
入力。

投稿後、アカウントに
リンクします。

ストーリーズにはメン
ション用のスタンプが
あります。

スタンプにアカウント
名を入れてメンション
してみましょう。

POINT!

メンションされたら通知が来ます。

通常投稿へのメンションはコメントで、ストーリーズでのメンションはメッセージで
通知が来ます。知り合いからのメンションがあれば、「いいね！」で返してみましょう。

タグ付けする

写真に写っているユーザーやお店などに
リンクを貼ることができます。キャプショ
ン欄ではなく写真そのものにリンクが貼れ
るのがメンションと異なる部分です。

 →  →

投稿作成時にタグ付けの
項目をタップ。

写真をタップしてタグ付
けするユーザーを選択。
「完了」をタップ。

投稿にタグ付けされました。

メッセージを送る

メッセージでも感謝を伝えてみましょう。LINEのように通話することも可能です。コミュニケーションツールとしても使用できます。

メッセージを送信する

メッセージを送りたい相手のプロフィールページから「メッセージ」をタップ。

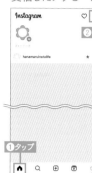

LINEと同じ様にメッセージの送信や通話ができます。

受信したメッセージを確認する

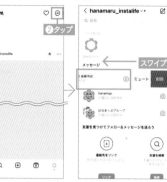

「ホーム」をタップし右上のメッセージをタップ。

メッセージを確認できます。不要なメッセージは左にスワイプすると削除できます。

POINT!

メッセージリクエストが来たら?

フォローしていない人からのメッセージは「リクエスト」に保存されます。開いても既読は付きません。不要な場合は削除すればOK。

メッセージ確認画面で「リクエスト」をタップ。

不審なメールは気にせず削除しましょう。

花まる活用術

タグ付けを削除する方法

タグ付けは、仲良しのユーザーと投稿を共有できるため便利です。その反面、稀に知らないユーザーから宣伝目的でタグ付けされることもあります。望まないタグ付けをされて、自分のプロフィール欄に表示されてしまった場合は、こちらから削除することが可能です。

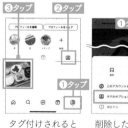

タグ付けされると自身のマイページのタグ付け欄に相手の投稿が表示されます。

削除したい投稿を選択し「…」をタップ。その後、「タグのオプション」をタップ。

「投稿から自分を削除」をタップ。

チャレンジする

失敗を恐れない

「失敗しないか不安……」「失敗したら恥ずかしい……」

　もし失敗することに引け目を感じている方がいるのなら、これらの気持ちを取り除いていきましょう。失敗を嬉しいことだと捉えるのはなかなか難しいかもしれませんが、失敗から得られる経験は、成功以上に貴重なものになることもあります。

　失敗を恐れ、行動をためらうことは、かえって学びを得るチャンスを逃してしまいます。それなりにお金や時間がかかるものでもない限り、挑戦できる機会があるということはありがたいことです。

　例えば、サッカーやバスケットなどスポーツにおいては、シュートが上手く打てるようになるために、何回も練習をします。シュートを外すと恥ずかしいからと練習をせずに、本番の試合だけで1発で決めようとは思わないはずです。大事な場面での1発を決めるため、何度も外しながらも練習に取り組む過程で多くの学びが得られますよね。

練習しなくても
1発で決められるシュート

何度も練習してやっと1発決まったシュート
↓
得られる学びは多い

私も、これまで何度も失敗を繰り返してきました。上手くいったことが5個だとしたら、上手くいかなかったことは75個かもしれません。イベントを企画しても人が集まらなかったこと、自信を持って応募した企画が通らなかったこと、細かいことまで数えればキリがありません。

　けれども、全力で取り組んだ過程こそが大きな経験になっていて、失敗から得られた学びは、学校に通ったり本を読んだりしても教わることができない私だけの強みになっています。そして自分の強みが増えていくことが、自信にもなっています。

フォトコンテストに応募してみよう

　インスタグラムでも、気軽にチャレンジを楽しむことができます。

　各自治体の観光協会、企業や店舗のアカウントでは、投稿するだけで簡単に応募ができるキャンペーンやフォトコンテストが開催されています。あなたの写真が地域を盛り上げるきっかけになるかもしれません。

　私の運営するはなまっぷでも、花の名所の写真を募集しています。こちらはコンテストではありませんが、花が好きなみなさんのお出かけの参考になればという思いで、投稿いただいた写真の中からピックアップしてご紹介させていただいています。

　「私の写真なんて応募しても…」なんて思わずに、まずはチャレンジすることから始めてみましょう！

> 花まるライフの秘訣！
>
> ## 失敗の経験こそが自分の強みになる

[実践編] # コンテストに応募してみよう

フォトコンテストに応募する際は、
「自分が好きなものを撮影しながらも、主催者の意図を読み取り、
相手が望んでいる写真を投稿して喜んでもらう」という、
いつもと違う楽しみ方で臨むと良いです。

どのような写真が選ばれるか

ピントがしっかり合っていたり、構図が整えられているか、明るさや色合いは適切かなど、綺麗に撮れていることはもちろんですが、コンテストの目的を理解することが必要です。

真っ青な海と岸壁に打ち寄せる波が美しく写真を見ていると行ってみたくなります

自治体のコンテスト
その場所の美しさや楽しさが伝わるか、そこに行きたくなる写真が選ばれやすいです。

企業の商品のコンテスト
その商品の魅力(美味しさ、使いやすさ)が伝わるか、それを買いたくなる写真が選ばれやすいです。

はなまっぷでは

はなまっぷのアカウントでは、花の名所で撮影した写真を募集しています。「#はなまっぷ」のハッシュタグを付けて投稿していただくだけで応募完了です。その中から、花の名所に行きたくなる1枚や、花が美しい1枚など、素敵な写真を紹介しています。書籍掲載や展示作品も、ハッシュタグを利用して募集することがあります。花の写真にはぜひ「#はなまっぷ」のハッシュタグもつけてくださいね。

はなまっぷのアカウントでは花の名所の写真をシェアしています。

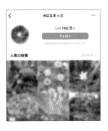

「#はなまっぷ」のハッシュタグで写真を募集しています。

自治体一覧

　各都道府県の観光協会では、インスタグラムやホームページで、投稿作品の紹介やフォトコンテストが行われています。景色やグルメの写真など、ジャンルを問わず募集しています。ハッシュタグやメッセージ、Eメールなどで応募ができて、地域貢献にもなるのでぜひ参加してみましょう。

公式観光協会等の インスタグラムアカウントがある 都道府県
（2024/01 現在）

北海道 @goodday_hokkaido	山梨県 @ yamanashikankou	山口県 @ oidemase_yamaguchi
青森県 @marugotoaomori	長野県 @ nagano_japan	徳島県 @ tokushima_awanavi
宮城県 @triptomiyagi	岐阜県 @ visit.gifupref	香川県 @ udonken_kagawa
山形県 @yamagatakanko	愛知県 @ aichi_now	愛媛県 @ iyokannet
福島県 @fukushimanotabi	三重県 @ kankomie	高知県 @ naturallykochi
栃木県 @ kankotochigi	滋賀県 @ biwako_visitors_bureau	福岡県 @ deepfukuoka50
埼玉県 @ saitamakanko	京都府 @ discover_your_own_kyoto	佐賀県 @tsubozamurai
千葉県 @ marugoto_chiba	大阪府 @ discover_osaka	長崎県 @ ngs_kanko_official
東京都 @tokyotokyooldmeets	兵庫県 @hyogonavi_official	熊本県 @kumamoto.official
新潟県 @niigata_japan_	奈良県 @ naravisitorsbureau_official	大分県 @ onsenkenoita
富山県 @ panokito_toyama	和歌山県 @ nagomi_wakayama_tourism	宮崎県 @ miyazaki_shunnavi
石川県 @ hotishikawa_tabinet	鳥取県 @ insta_tottori	鹿児島県 @kagoshima_takarabako
福井県 @fukuikankou	広島県 @ visit_hiroshima	沖縄県 @ okinawastory_ocvb

🌹 花まる活用術

デジカメは高画質で撮影しよう

フォトコンテストによっては、入選するとチラシやポスターに作品が採用されることもあります。そこで1番重要なのが画質です。最近はスマートフォンにデータを転送してSNSで画像を楽しんだり、トリミングや加工をして楽しむことが主流になっています。しかしスマートフォンのアプリで加工やトリミングをした写真は画質が劣化していることが多いです。自信作が撮れたら撮影時のオリジナルデータも残しておくようにしましょう。デジタルカメラを使う方は、撮影時の画像サイズはLサイズに設定しておくと良いです。

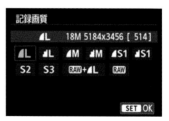

メーカーによって「記録画素数」「記録画質」「画像サイズ」などと、呼称が異なります。

意見交換を楽しむ

反対意見はアイデアの種

「反対されないか不安」「否定されたらどうしよう」などと考えてしまうことはありませんか？　相談ごとや、仕事での会議、仲間内での遊びの計画など、意見が言いづらい場面は少なくありません。自分の意見が反対されて、落ち込んでしまうこともあるかもしれません。

なぜ落ち込んでしまうのでしょうか？　それは、自分の意見を肯定して欲しいと考えているからです。自分の意見に自信を持ちたいと思い発言するからこそ、意図しない返答に対してショックを受けてしまいます。

けれども、反対意見は新しいアイデアを生み出すために欠かせない材料であり、自分のイメージを膨らませることにもつながります。

反対意見には、より良くするためのヒントがたくさん含まれています。まずはどんな意見も肯定して受け入れることが大切です。

受け入れることで面白い化学反応が起こります。ふとした瞬間に新しいアイデアが浮かぶことも。

ひとりで考え事をする時も、自分で自分への反対意見を考えてみると良いです。天使と悪魔が言い争っているような、あのシーンのように、自分の中で戦わせてみると、さらに良いアイ

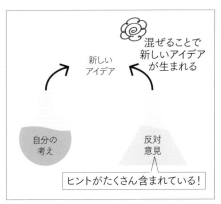

新しいアイデア

混ぜることで新しいアイデアが生まれる

自分の考え

反対意見

ヒントがたくさん含まれている！

デアが浮かんでくるかもしれません。

　また、自分で自分に反対する習慣がつくことで、人から反対されても落ち込まずに、意見交換を楽しめるようにもなります。

　本書も化学反応で生まれた1冊です。趣味としてインスタグラムを楽しみたい方に向けて、操作方法を簡単に説明したオーソドックスなマニュアル本を作りたいと思っていました。需要はあると自信は持ちながらもより多くの方に楽しんでいただけるように、「ただのマニュアル本ではつまらない」と、常に自分に対して反対意見も出しながら、時間の許す限り自分の中で議論し続けていました。

　それとは別に私はいつか、はなまっぷを通して夢が叶ったことを1冊の本にして、夢を叶える人を増やしたい思いが頭の片隅にありました。

　自分に反対意見を出し続けたことにより、その企画が顔を出しマニュアル本と化学反応を起こして本書が生まれたのです。

意見を募ってみよう

　選択に迷ったり、アイデアが欲しい時、教えて欲しい情報がある時は、インスタグラムのストーリーズを活用して、意見を募ることができます。趣味嗜好が似ているフォロワーさんたちからのご意見は、大変参考になるでしょう。自分と違う意見や、新しいアイデアなどいろんな方からの意見を受け入れながら化学反応を楽しんでみましょう。

> **花まるライフの秘訣！**
>
> ## 反対意見はアイデアをより良くするためのもの

意見を募ってみよう

ストーリーズのスタンプは、オシャレに飾るだけではなく
アンケートや質問、クイズなどフォロワーから
意見を募ることができます。上手に使いこなして、
様々な意見を受け入れることを楽しんでみましょう。

スタンプで聞いてみる

ストーリーズの投稿画面でスタンプのアイコンをタップすると、様々なスタンプが表示されます。何気ない質問などを交えながら、コミュニケーション手段のひとつとして使うことができます。他にも楽しいスタンプがたくさん。気になるスタンプがあれば、タップして色々試してみましょう。

質問スタンプ

記述式で回答がもらえます。一問一答形式で意見を募ることができます。

アンケートスタンプ

選択式で回答がもらえます。選択肢は自分で作成する必要があります。

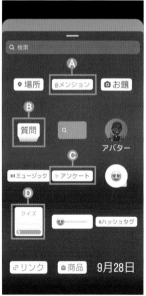

交流を楽しめる
スタンプ

Ⓐ メンション（p.114 参照）
Ⓑ 質問
Ⓒ アンケート
Ⓓ クイズ

🌸花まるヒント

質問スタンプは、わからないことを聞く時に便利。アンケートは、どれにしようか迷う時に便利。

質問やアンケートの結果を見る

質問やアンケートの回答結果は投稿したストーリーズから確認できます。24時間経過した場合でも、アーカイブから開くことで確認することができます。

設定から「アーカイブ」をタップ。

ストーリーズアーカイブから結果を見たいストーリーズをタップ。

「アクティビティ」をタップで結果が見られます。

ストーリーズの公開範囲を設定する

ストーリーズは、事前に登録した親しい友達だけに発信する機能があります。仲の良い人を登録しておけば気軽に質問をしたい場合に便利です。

設定から「親しい友達」をタップ。

登録したいユーザーを選択し、「完了」をタップ。

ストーリーズ投稿時に「親しい友達」を選択します。

花まる活用術

リンクを貼ってホームページに誘導しよう！

リンクスタンプを使えばURLを貼り付けることができます。自身のブログやお店やイベントのホームページなどを紹介してみましょう。

リンクのスタンプを選択します。

URLとテキストを入力します。

ホームページへのリンクを貼れました。

批判的なコメントの捉え方

怒りの裏には不安がある

　フォロワーが増えて人気が出てくると、時に批判的なメッセージやコメントが来るかもしれません。その時の対処法をお伝えします。

　私の場合は、まずは自分が投稿した内容に問題がなかったか、誤解を与えるような表現をしていないか、意図せず誰かを傷つけてしまうような言葉や写真を載せていないかを確認します。

　自分の投稿に問題がなければ、次に批判してきた相手の気持ちを想像してみます。あなたなら、どのような時に怒りや否定的な感情が湧いてきますか？　「傷つくことを言われた」「言うことを聞いてくれなかった」「不快な気持ちになった」など、怒りを感じる相手と、意見や行動、価値観などが異なる時ではないでしょうか。

　威嚇して身を守る動物と同様に、怒りの感情は自己防衛の裏返しでもあります。心に余裕がない時に湧いてくる感情であり、背景には必ず何かしらの不安があります。

　批判的なコメントをしてくる相手も、自分と価値観が違うあなたの投稿を見て不安を感じ、心の余裕がないことによって、攻撃的になってしまっているのだと思います。

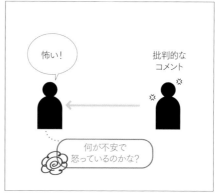

124

これまで何度も批判的なご意見をいただいたことがあります。まずは冷静に投稿を振り返ったうえで、相手の感情の背景を想像してみると、多くは、反対意見、文面が与えた誤解、間違った情報に対する不安で、これらは時に新たなアイデアの種になることもあります。

このように、批判的な言葉も冷静に判断して受け止めることができるようになれば、インスタグラムの中に限らず批判的な言葉に対して恐れる気持ちが少しは和らぐはずです。

誹謗中傷からは離れる

誹謗中傷は根拠もなく書き込まれる悪口です。楽しい時間の過ごし方を知らないかわいそうな人たちからのいたずらです。そのようなことを書き込む人たちは、あなただけに限らず不特定多数の人に対して暇さえあればゲームのように悪口を書き込んでいます。

もし運悪く書き込まれてしまっても、相手にしていてはあなたの時間がもったいないです。感情のないAIが自動で書き込む迷惑コメントのようなものだと捉えて相手にしないようにしてください。

コメントが書き込めない設定や、特定の人には自分のページを見られないようにする設定など、交流を制限できる機能があります。楽しむためのインスタグラムですので、自分が不安やストレスを感じないように、使える機能は活用しましょう。

花まるライフの秘訣！

批判的な言葉はその裏にある背景を考えてみる

ネガティブなコメントを避ける

投稿は楽しみたいけど、知らない人との交流は必要ないという方や、
知らない人からのメッセージが怖いと感じる方、
不特定多数の人に投稿を見られたくないという方は、
他のユーザーからの閲覧や書き込みを制限することができます。

コメント欄を非表示にする

不快なコメントを書き込まれるのが不安な方は、コメント欄を非表示にすることができます。コメントが書き込まれた後でも、非表示にすることが可能です。

非表示にしたい投稿を開き、右上の「…」をタップ。

「コメントをオフ」をタップします。

コメントが非表示になりました。

投稿を非表示にする

批判的なコメントが来た時は、投稿を削除するのも手です。アーカイブに残すことで、投稿から表示は消えてもインスタグラム内にデータを残せます。

非表示にしたい投稿の「…」をタップ。「アーカイブする」をタップで投稿が非表示になります。

再表示する場合は自分のプロフィールから「≡」をタップし「アーカイブ」をタップ。

❶をタップしてアーカイブした投稿をタップ。「プロフィールに表示」をタップで戻せます。

相手を制限・ブロックする

特定の人から不快なコメントやメッセージが来た場合は、相手を制限やブロックをすることで、以降の書き込みを防ぐことができます。

規制したいユーザーを開き右上の「…」をタップ。

制限やブロックができます。

「三」をタップし「ブロックされているアカウント」から制限中のアカウントが確認できます。

POINT!

特定の相手を避ける機能

制限：相手は自分のページを見てコメントすることができますが、そのコメントは自分が承認しないかぎり公開されず非表示となります。メッセージも既読がつかない場所に届くようになります。

ブロック：相手が自分のページを閲覧できなくなります。

報告する：不適切な投稿をインスタグラムに報告します。

花まる活用術

こっそり使えるミュート機能

相手を拒否するほどではないけれど投稿数が多いと感じたりネガティブな発言が気になるユーザーがいる場合は、ミュート機能（ミュートは消音の意味）を使うと便利です。フォローを外すことなく自分のタイムラインに表示されなくなります。

「フォロー中」をタップ。

「ミュート」をタップ。

ミュートしたい項目をタップ。

目標を達成する

達成できる目標の作り方

　みなさんは日々、どのように目標を立てていますか？　「世界一周の旅に出たい！」「教室を開いてみたい！」「フォロワー10万人を達成したい！」など、それぞれの夢や目標が頭の中にあることでしょう。

　これらを確実に叶えるために、まずは目標を小分けして、ゴールにたどり着くための上りやすい階段を作りましょう。階段がなければ目標はとてつもなく高い壁。それでは誰だって上れません。

　目標が達成できないのは、能力がないわけではなく自分が上れる階段を作っていないだけ。階段さえ作れば、目標は必ず達成できます。

　私も、はなまっぷを始めてから階段を1段ずつ上っています。最初の目標は、フォロワーを集めて有名になり、日本一の花風景の情報サイトを作ることでした。お金と時間さえあればすぐに作れたかもしれません。

　けれども垂直の壁は私には上れないので、目標を小分けして階段を作りました。1段目はフォロワー100人。2段目は1千人、3段目は1万人です。

　まずは1段目を上るため、世界観を固めて投稿を始めました。存在を知ってもらえるよう、そ

の時期見頃の名所や、見頃の花のハッシュタグを検索して、好みが合いそうなんに「いいね！」をして回りました。フォロワーが1日に3人増えれば1週間で約20人、5週間で100人達成できます。1日の目標人数と100人達成するまでの期限を決めて、取り組みました。100人達成できれば、同じことを10回繰り返すことで2段目も上れます。1年ほどかけてようやく1万人を達成することができました。

　当時は、ハッシュタグからフォロワーを探すことが主流でした。今は、おすすめのユーザーとしての表示や、投稿のコメント欄やストーリーズを活用した交流、自分の投稿を保存してもらうことでも、多くの人に知ってもらえる仕組みになっています。フォロワーとの交流を楽しむことで、新しいフォロワーが自然と増えていくということです。

小さな目標から達成していこう

　目標を小分けすることは、成功体験を増やして自信をつける効果もあります。小さな目標を何度も達成する度に、自信もついているのです。

　ここで私からお題です。フォロワーを100人まで増やしてください。途中で諦めずに目標を達成する練習です。フォロワー数を気にする必要はありませんが、見てくれる人が増えることは嬉しいもの。

　まずはフォロワー数というわかりやすい数字を使い、頑張れば達成できるということを実感して、自分に自信をつけていきましょう。

花まるライフの秘訣！

目標へ到達するための階段を作る

フォロワーを増やしてみよう

目標を達成する練習として、フォロワーを
100人まで増やしてみましょう。より多くの人に見てもらい
交流できるように、プロアカウントの設定をして、
どのような投稿に反応が多いのか自分なりに分析してみましょう。

フォロワーを増やすヒント

集客よりも、趣味として楽しむために好みの合うフォロワーを増やすヒントです。これまで学んだことの復習を兼ねて試してみましょう。

①位置情報を活用する(p.30③参照)

自分の投稿に位置情報をつけて投稿することにより、観光地を訪れた人や、その施設の方に投稿を見つけてもらいやすくなります。また、自分がよく行く場所や行ってみたい場所の位置情報を検索すると、同じ価値観の人の投稿に出会えるかもしれません。

②ハッシュタグを活用する(p.30①参照)

投稿する際のハッシュタグを工夫してみましょう。自分なら、どのようなキーワードで検索するか想像しながら選んでみると良いです。

③好みのユーザーをフォローする

フォローすることにより、そのユーザーと似たようなユーザーがおすすめ欄に表示されます。自分のアカウントも、別のユーザーのおすすめ欄に表示されることもあり、誰かに見てもらえる機会は増えます。

> 🌸 花まるヒント
>
> まずは10人増やすために何日かかるか試してみましょう。あとはそれを100人に到達するまで10回繰り返すだけです！　自分なりの上りやすい階段を作ってみましょう。

> 🌸 花まる活用術

ハッシュタグに迷う人へ

投稿へのハッシュタグは30個まで付けられます。どんなハッシュタグをつければ良いか迷ってしまう場合は、右記項目から選んで当てはめてみてくださいね。

それは
何ですか?
(漢字
カタカナ
英語)
#桜
#サクラ
#cherryblossoms

どこの
場所ですか?
(県名
場所名
市町村)
#愛知県
#名古屋城
#名古屋市

目的は
何ですか?
(ランチ、飲み会、
お出かけ、花見)
#花見
#お出かけ

季節や時間
(春・朝・夕日)
#春

絵文字
#🌸

プロアカウントを設定する

プロアカウント（誰でも使用可能）に設定すると、フォロワー数の推移が確認できます。広告の出稿や予約投稿ができるので、集客したい方にも便利です。

① 「≡」をタップして設定を開き「アカウントの種類とツール」をタップ。

タップ

② 「プロアカウントに切り替える」をタップ。

タップ

③ 「次へ」をタップ。

タップ

④ 好きなカテゴリや区分を選択し、登録を進めます。

⑤ ここまで進んだら「X」をタップして閉じます。

タップ

⑥ 登録が完了しました。「プロフェッショナルダッシュボード」をタップ。

タップ

インサイトから様々な情報を確認できます。

フォロワー数の増減などが確認できます。

POINT!

個人アカウントに戻す

タップ

プロアカウントのデメリットは非公開設定ができないことです。個人用アカウントに戻すには、プロフェッショナルダッシュボード（p.131 ⑥）を開き右上の「設定」をタップ。

タップ

「アカウントタイプを切り替え」をタップし、個人用アカウントに変更します。

日常でも自分を拡散していく

インスタグラムの外でも知ってもらおう

　はなまっぷを始めて2年半ほど経ち、フォロワー数は8万人になりました。もっと多くの人に知ってもらいたいと思い、インスタグラム以外の場所でいかに拡散していくかを考えるようになりました。

「花が好きな人がたくさん集まるホームページを作りたい」

「花風景を旅しているような気分になれる写真展をしてみたい」

「みなさんと写真を持ち寄って花風景の本を出版したい」

　このような目標がいくつも浮かんでいました。

　まずはホームページを作ろうと調べていたところ、花風景だけのジャンルに絞った絶景本や、インスタグラマーさんのお写真を集めた本がほとんど存在しないことにふと気付きました。まさにユートピアを発見した感覚でした。出版なんて夢のまた夢でしたが、その時の直感で「先に出版にチャレンジしよう！」と思い、すぐに舵を切りました。

　他の人に先を越されまいと、無我夢中で出版できる方法を模索し、チャレンジしよう！と決めてから約2週間で企画を作って応募しました。約8ヶ月後の2018年8月、念願の書籍を発売することができました。

　書籍の印税を使って展示の目標も叶いました。それからというもの、花の施設と共催の展示企画や、TVやラジオの出演、自身の写真の活動やカメラマンの仕事など、「あんなことがしたい」「こうなりたい」とふと思い描く夢のような目標が、自分でも信じられないほど、次から次へ

と立て続けに叶うようになりました。もちろん本書も、数年前から思い描いていた夢のひとつです。

目標はたくさん描こう

　私は、はなまっぷを始めてからは、常にいくつかの目標を持ちながら日々過ごせるようになりました。好きなことだから楽しく、得意なことだから達成しやすいので、夢や目標も次から次へと浮かんできます。

　目標への階段を作ることはお伝えしましたが、その階段をいくつも準備し、達成する前からその先の目標まで描いておく方が良いです。

　例えば夕食に出かける際、洋食、和食、中華と選択肢はいくつもあります。けれども翌日に大事な打ち合わせがあればニンニクは避けますし、翌日が健康診断なら外食の選択肢もないかもしれません。

　同じように、今ある目標のその先の目標まで描ければ、先を見越した行動や選択ができるので、大きな夢にも手が届きやすくなるでしょう。

　日常の中でも自分を拡散して夢や目標をたくさん描き、自己実現を叶えていきましょう！

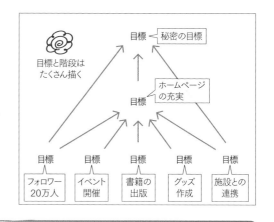

花まるライフの秘訣！

目標をたくさん描ければ自己実現はもうすぐ！

自分のアカウントを知ってもらおう

インスタグラム以外の場所でも、自分のアカウントを知らせて、
多くの人に見てもらい交流しましょう。
近年では LINE 交換の変わりにインスタグラムを交換して
コミュニケ　ションをとる人も増えています。

プロフィール画面の URL・QR コードを送る

プロフィール画面のURLをLINEやメールに貼り付けたり、QRコードを読み取ってもらうことで自分のアカウントを伝えることができます。

LINE やメール、ブログ
などに貼り付けることが
できます。

「≡」をタップして設定
を開き「QR コード」を
タップ。

「リンクをコピー」をタッ
プします。

POINT!

「リンクをコピー」の左にある「プロフィールをシェア」からも、各アプリへ貼り付けられます。

投稿画面の URL を送る

URLを取得して、投稿画面を伝えることもできます。具体的に見て欲しい投稿がある時に便利です。

🌸 花まるヒント

お店のメニューや料金が書かれた投稿など詳細な情報を知らせたい時は投稿画面を伝えるとわかりやすいです。

共有したい投稿を開
いて「▽」をタップ。

「リンクをコピー」を
タップ。

POINT!

「リンクをコピー」の２つ左にある「ストーリーズに追加」をタップすると自分のストーリーズで紹介できます。

グループチャットで連絡する

イベントなどを通して知り合った人たちへの連絡は、複数のユーザーに一度に送信できるグループチャットが便利。初対面同士でも複数いれば会話が弾みます。

① ホームボタンをタップし右上の「⊙」をタップ。

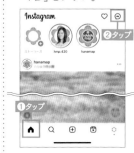

② 右上の「✐」をタップ。

③ チャットに誘いたいメンバーを選択。

④ チャットを作成できました。

グループ名やアイコンなども編集できます。

🌸 花まる活用術

QRコードは印刷して使える!

QRコードは名刺やチラシなどに印刷して使用することもできます。印刷サイズが小さすぎるとスキャンができないため1.5cm以上の大きさで印刷しましょう。また、色のコントラスト(メリハリ)が薄い場合も、読み取りづらくなります。見やすい色、見やすい大きさで印刷しましょう。

「絵文字」をタップすると背景を変えることができます。

余白部分をタップすると背景色を変えることができます。

名刺やチラシに貼って自分のアカウントをPRしてみましょう。

🌸 花まるヒント

価値観の合うフォロワーさんたちと、ちょっとしたコミュニティ気分でグループチャットを作ってみると、コメント欄での交流よりも盛り上がるかも!?

あなたにとっての人を笑顔にできることはどんなことでしたか？
それさえ見つけられれば、あとは日々楽しむだけ。
3か月後にどうなっていたいか目標の階段を作って、
インスタグラムの投稿で宣言してみましょう。

花まるライフの秘訣！

好きなことに得意なことを
かけ合わせると
人を笑顔にできる

人と比べなくて良い場所を探せば
個性が見つかる

うらやましいところより
苦労や努力を想像してみよう

感謝を伝えることが自分の自信に繋がる

失敗の経験こそが自分の強みになる

反対意見はアイデアをより良くするためのもの

批判的な言葉は
その裏にある背景を考えてみる

目標へ到達するための階段を作る

目標をたくさん描ければ
自己実現はもうすぐ！

インスタグラム初心者が抱く疑問や不安などにお答えします。

Q 知らない人からメッセージが来ないか不安です。大丈夫ですか？

A 知らない人からのコメントやメッセージが怖くて、インスタグラムを始められないという方が多いですが、安心してください。確かにそのようなメッセージを受け取ることはありますが、知らない人からのメッセージは、突然通知されずにメッセージリクエストという形で届きます（p.115参照）。既読がつかない機能のため、不要なメッセージであれば削除するだけで大丈夫です。

Q 自分のページを知らない人に見られたくない

A 非公開アカウントに設定すれば、フォロワー以外には自分の投稿を見られることがありません。勝手にフォローされることもありません。非公開アカウントは、「鍵アカ」とも呼ばれています。

①設定とプライバシーから「アカウントのプライバシー」をタップ。
②「非公開アカウント」にチェックを入れて「非公開に切り替える」をタップ。
③非公開アカウントに設定され、名前と自己紹介だけが公開されました。

Q 何枚も連続で投稿すると迷惑ですか？

A 時と場合と枚数によります。例えばインスタグラムを始めたばかりの頃は、たくさん投稿していても、頑張って覚えようとしているんだなと感じます。フォロワーさんが増えた場合や、集客のためにインスタグラムを使用している場合は、配慮が必要な場面もあります。

目安は多くても1日2回程にしておくと良いです。

Q 投稿時にスマートフォンの写真を選択できません。「写真へのアクセスを許可してください」と表示されます。

A インスタグラムがあなたのスマートフォンの中から写真を探すことを許可する必要があります。スマートフォンの設定画面からインスタグラムのアプリを探し、写真・カメラの項目にチェックを入れましょう。

【iPhoneの場合】
①スマートフォンの「設定」をタップ。
②「Instagram」をタップ。
③写真とカメラを許可しておきましょう。

① ② ③

Q 人が写っている写真も投稿していいですか?

A 基本的には写真に写っている相手の許可が必要です。たとえ後ろ姿でも、勝手に載せるのは控えましょう。インスタグラムへの投稿に関わらず、知らない人に一方的にカメラを向けて撮影するのも控えましょう。

ただし、観光地や公共の場など人の多い場所で撮影された写真で、個人が特定できない写り込み程度のものであれば許可は不要とされています。判断ができない場合は控えておくほうがよいでしょう。

Q フォローをした人へは必ず「いいね!」をしなくてはいけませんか? 「いいね!」をしてもらったら必ず「いいね!」を返さないといけませんか?

A 意外とよく受ける質問です。"フォローをする"="あなたの投稿に「いいね!」をします"ということではありません。「いいね!」は、「見たよ!」という気持ちで押せば十分です。「いいね!」をしてもらったらお返しできれば望ましいですが、必須ではありません。投稿も「いいね!」も自分のペースで楽しみましょう。

悩み別
逆引き

インスタグラムユーザーの悩みにお答えするとともに、
関連事項が記載された本書のページ数を教えます。
該当ページもあわせて読んでみてください。

ランチメニューの あるお店が 上手く探せない

「市町村名　ランチ」「駅名 ランチ」などのワードで検 索してみましょう。p.23花 まる活用術も参考にしてく ださい。　　　➡p.22③

保存した投稿が 多すぎて 目的のものを 探せない

コレクション機能を活用し て、ジャンルごとに分けて 保存してみましょう。
➡p.24

投稿するほど でもないけど ランチやお出かけの 記録を残したい

ストーリーズにアップして ハイライトに残す方法もあ ります。　　　➡p.42

撮った写真が 傾いてしまう

グリッドを表示してみま しょう。　　　➡p.60

どうやって撮れば よいかわからない

撮影時の基本を、おさらい してみましょう。　➡p.66

自分のページに 個性を出したい

投稿内容を細分化してみま しょう。　　　➡p.106

良いアイデアが 浮かばない

ストーリーズで意見を募っ てみましょう。　➡p.122

気の合うユーザーに 出会いたい

.ハッシュタグや位置情報 から検索をして価値観の合 う人を探してみましょう。
➡p.22

フォロワーを 増やしたい

位置情報やハッシュタグを 活用して交流を図りましょ う。　　　➡p.130

不快なコメントが来た

まずはコメントの内容を分析してみましょ う。　　　➡p.124
必要に応じてコメントを避ける対策をしま しょう。　　　➡p.126

写真がぱっとしない

インスタグラムの加工機能を使ってみま しょう。　　　➡p.36
撮影時の明るさを調節してみましょう。
➡p.62
背景を気にして撮影してみましょう。
➡p.72

用 語 別 索 引

操作別索引

おわりに

　本書を一通りお読みいただいたみなさんに、最後に実践していただきたい課題があります。それは、インスタグラムで実践したことを、みなさんの日々の行動に置き換えることです。

　私は今まさに、インスタグラムでつくりあげた「はなまっぷ」をもっと世の中に広めたく、いろんなことにチャレンジしています。自分らしさに気づかせてくれて、自信を持たせてくれたインスタグラムですが、それでもやはりツールの一つにすぎません。インスタグラムを通じて学んだことを、日常にどう置き換えて活かしていくか、それをみなさんのこれからの課題にして欲しいのです。

　具体的には、

●投稿を検索して「いいね！」や保存をする

　これから先に興味が湧くものが、人生を変えるかもしれません。好き！だと感じたら、実際に足を運んで触れるようにしてみましょう。

●ハッシュタグをつけて投稿する

　世界観の似た人たちが集まる場に参加してみましょう。興味のある習い事やイベントなどに、思い切って飛び込んでみませんか？

●フォローする、フォロワーが増える

　人との出会いは新しいチャンスへの入り口でもあります。縁あって繋がった人たちから学び、感謝の言葉を伝えてみてください。

●インスタグラムを楽しむ

　仕事や家事などでは人に合わせることも必要ですが、プライベートな時間は無理をして人に合わせる必要はありません。自分に自信を持って、本当に好きなことを選択して過ごしてみてはいかがでしょう。

　これまで、インスタグラムの使い方や写真の撮り方など様々なことをお伝えしましたが、この一冊に込めたことを一言でまとめると、「人を笑顔にできる行動をすると自分らしく生きられる」です。

　当たり前のように感じるけれど、私はこれまでずっと気付かずに生きてきました。インスタグラムを楽しむ事によってそれに気付くことができました。これが花まるインスタライフの種明かしとなります。

　ここまでお読みいただきありがとうございました。

　本書をお手にとってくださったみなさんが、自分らしく花まるな人生を過ごしていただけることを、心より願っています。

後藤有紀 (はなまっぷ代表)

著者

後藤有紀

カメラマン、写真講師、花風景ガイド。
1980年生まれ。三重県出身。建築不動産関係の仕事に従事する傍ら、
インスタグラムで花の写真を楽しみ、2015年「はなまっぷ」のアカ
ウントを開設。3年後の2018年には、1冊目の書籍『100年後まで残
したい！日本の美しい花風景（はなまっぷ本）』（三才ブックス）を出
版。これまでに合計5冊の書籍を出版し、TV・ラジオ等のメディア
にも出演。
現在はフリーの建築カメラマン。また写真講師や花風景ガイドとして、
写真を撮ることの楽しさや花風景の美しさを伝えることにも務めてい
る。近鉄文化サロン、中日文化センター講師。

※本書は一部フリー素材を使用して作成しています。

スタッフ

編集 ……………………………… 古野貴之（ホビージャパン）

デザイン・DTP ……………… 本橋雅文（orangebird）

企画協力 ……………………… 森久保美樹（NPO法人 企画のたまご屋さん）

もっと自分を好きになる

花まるインスタライフ
～写真の撮り方からインスタの使い方まで～

2024年3月15日　初版発行

著 者 ……………………………………… 後藤有紀

発行人 ……………………………………… 松下大介

発行所 ……………………………………… 株式会社ホビージャパン
　　　　　　　　　　〒151-0053　東京都渋谷区代々木2-15-8
　　　　　　　　　　電話 03-5354-7403（編集）
　　　　　　　　　　　　　03-5304-9112（営業）

印刷所 ……………………………………… 株式会社広済堂ネクスト